バイオマスコミュニティプランニング

～ローカルSDGsの実践～

はじめに

本書は、北海道大学大学院工学研究院「寄附分野バイオマスコミュニティプランニング分野」における3年間の官民学の共同研究の成果をまとめたものである。本寄附分野は、廃棄物等およびバイオマスの循環・エネルギー利用を通じて、持続可能な地域コミュニティを計画するための技術・社会システムを官民学の連携により開発し提案することを目的に2018年10月に開講された。

2002年12月に閣議決定されたバイオマス・ニッポン総合戦略から約19年が経とうとしている。その間、バイオマスタウンなど様々な施策を経て、現在はバイオマス産業都市構想によりバイオマス利活用が推進されているのはご存知の通りである。2011年3月11日の東日本大震災と福島第一原発の事故は、日本のリスクの考え方、とりわけエネルギーセキュリティーに対する考え方を一変させた。大規模集中型システムから、小規模分散型システムへのパラダイムチェンジである。人口減少・高齢化社会への対処の必要性も相まって、地域創生（日本政府は地方創生という言葉を使っている）の機運が高まる中で、バイオマスを含む再生可能エネルギーの普及に白羽の矢が立てられた。2011年7月に固定価格買取制度（FIT）がスタートし、再生可能エネルギーとしての発電事業の推進体制が整った。

2015年9月には国連総会において持続可能な開発目標（SDGs）が採択され、2015年12月にはパリ協定も採択された。国内では、2018年4月に閣議決定された第五次環境基本計画では、SDGsやパリ協定といった国際的潮流や複雑化する環境・経済・社会の課題を踏まえ、複数の課題の統合的な解決という「地域循環共生圏」が提唱された。そして、2020年10月28日、菅総理所信表明演説にて「2050年までに脱炭素社会を実現」との発言を受け、日本国内の脱炭素に向けた動きが活発化した。

著者らは、2003年10月より寄付分野バイオリサイクル講座を立ち上げ、それ以来、2006年10月寄附分野不法投棄対策工学講座、2009年10月寄付分野バイオウェイストマネジメント工学講座、2012年10月寄付分野エコセーフエナジー分野、2015年10月循環・エネルギー技術システム分野、2018年10月より本寄付分野と6つの寄付分野での研究活動・情報発信活動を通して、バイオマス利活用を中心とした再生可能エネルギーの普及に尽力してきた自負がある（2021年10月以降も本寄附分野は2025年3月まで継続）。

しかしながら、FITがスタートした後の日本の状況を見ると、エネルギー＝電気と言わんばかりに、太陽光・風力発電の事業が目立つようになった。エネルギーは電気のみならず、冷暖房の熱源や自動車等の燃料なども含めた総合的な対策が必要であるにもかかわらずだ。2021年7月21日時点でのエネルギー基本計画（素案）においても電気のエネルギーミックスは盛んに議論されているようであるが、熱や燃料に対する議論が希薄なのが残念である。

前著『エネルギーとバイオマス～地域システムのパイオニア』（環境新聞社、2018）で述べたが、バイオマス利活用の本質は、「循環」である。「循環」利用とは、変換（マテリアル、ケミカル、サーマル）を通してバイオマスを無駄なく利用し、かつその変換過程で排出される残渣などは廃棄物として適正処理することを意味する。そして変換過程で得られた「エネルギー」を、熱も含めて無駄なく再生可能エネルギーとして利用するのである。すなわち地域に存在するバイオマスを、地産地消的に「循環」させ「エネルギー」を得て無駄なく使う、この両方が達成されてはじめてバイオマス利活用の効果である「地域創生」が得られるのである。

さて、本書の重要なキーワードは、「コミュニティ」、「プランニング」、

「ケーススタディ」の3つである。本書にもあるように、バイオマス利活用の上位の目的は「我がまちづくり」である。自分が生活している「まち」、自分が将来暮らしたい「まち」を創ることである。我がまちの議論に自分たちも参加し、将来ありたい姿を描き、1つずつ地域課題を取り上げ、それらを解決する為に、バイオマス利活用が手段となり得る。そしてその検討段階では、現地調査による実態把握を踏まえた、物質収支、エネルギー解析、事業分析など、定量・定性的なフィージビリティスタディに基づいた議論が重要となる。すなわち「バイオマスコミュニティプランニング」とは、地域の中長期的なまちづくりの観点から、地域特性に応じたバイオマスの利活用を目指すことであり、地域の多様な人々の協議によるフィージビリティスタディ（ケーススタディ）から得られたエビデンスに基づき、地域独自の事業として立ち上げていくための具体的な案を示すことである。そして、「ローカルSDGs」とは自分が住みたい、暮らしたいまちを意味しており、本書はそのためのケーススタディを行った結果を示している。バイオマス利活用を通して、あなたのまちづくりの一案となれば幸いである。

最後に、寄付分野バイオマスコミュニティプランニング分野に参画してくださった企業の皆様、研究会でオブザーバーとして参加してくださった自治体、企業の皆様、セミナー及びシンポジウムに参加してくださった皆様、研究や本書の出版を進めるにあたって情報提供をいただきました自治体の皆様に深く感謝申し上げる。

令和4年2月

北海道大学大学院工学研究院
寄付分野バイオマスコミュニティプランニング分野
客員教授　古市　徹
（北海道大学名誉教授）

バイオマスコミュニティプランニング
～ローカルSDGsの実践～

CONTENTS

CONTENTS

第1章　バイオマスコミュニティプランニングとは

1.1　バイオマスコミュニティプランニングとは？

1.1.1　バイオマス利活用がもたらす多様な価値

（1）バイオマスとは

バイオマスとは、生物資源（bio）の量（mass）を表す概念で、「再生可能な、生物由来の有機性資源で化石資源を除いたもの」である。ウィキペディア[1]には、「生態学で、特定の時点においてある空間に存在する生物（バイオ）の量を、物質（マス）の量として表現したものである。通常、質量あるいはエネルギー量で数値化する。日本語では生物体量や生物量の語が用いられる。植物生態学などの場合には現存量の語が使われることも多い。転じて生物由来の資源を指すこともある。」とある。バイオマスを用いた燃料は、古来より暖房や調理などに用いられてきた。

（2）バイオマスの種類と利用

バイオマスは、１）家畜排せつ物、下水汚泥、食品廃棄物、製材工場等残材、建設発生木材等の廃棄物系バイオマス、２）稲わら、麦稈、籾殻等の農作物非食用部、間伐材等の未利用系バイオマス、３）微細藻類等の資源作物がある[2]。バイオマスの利用方法としては、脱炭素社会を目指す現在ではエネルギー利用に注目されがちであるが、マテリアル利用も重要である。例えば、飼料や堆肥利用等の他に、プラスチックや樹脂等の素材利用、アミノ酸や有用化学物質等の化成品原料利用が可能である。エネルギー利用としては、直接燃焼や熱分解ガス化による電気や熱への変換、そしてエタノール、ディーゼル、固形燃料、バイオガスやその変換ガス等（水素、LPG等）の燃料への変換がある[2]。

（3） バイオマス利活用推進のための国の取組

燃焼等により二酸化炭素を放出しても、生物の成長過程で光合成により吸収された二酸化炭素が放出されていることから、大気中に二酸化炭素を増加させない「カーボンニュートラル」と呼ばれる性質を有している。エネルギーやプラスチックの原料となる化石資源の代替としてその利用は、2002年12月に閣議決定され2006年3月に改訂された「バイオマス・ニッポン総合戦略」、2009年6月の「バイオマス活用推進基本法」、2010年12月に閣議決定された「バイオマス活用推進基本計画」、2012年9月にバイオマス活用推進会議が決定した「バイオマス事業化戦略」（バイオマス産業都市の推進）、2016年9月に閣議決定された「新たなバイオマス活用推進計画（第2次）」、2020年3月に閣議決定された「食料・農業・農村基本計画（第5次）」へと施策展開されてきた。

（4）バイオマス利活用がもたらす多様な価値

多くのバイオマスは、地域に広く薄く存在しているため、収集・輸送システムの確立、効率的な変換技術の確立、バイオマス製品の販路の確保、幅広い用途への活用（高付加価値化）が重要とされており、これがバイオマス利活用上の課題と言われている。これに対して、地域特性に応じて、これらの課題を関係者の創意工夫で一つずつ解決していくことが、環境問題だけではなく、地域が抱える課題（地域経済、防災・減災、教育・福祉など）の解決に寄与する。すなわち、地域に潜在的に存在する資源としてバイオマスを地域で利用することにより、排出、収集・運搬、変換、製品輸送、利用といった一連のサプライチェーンが地域内に新たに構築される。そしてエネルギーや飼肥料等の購入に必要な資金の流出が抑制され、その資金を地域内へ循環させることにより新たな雇用が生まれる。その経済的な効果は、地域内に波及し、防災・減災のための電源確保、教育・福祉分野への人手の投入、地域公共交通の維持などいった地域課題の改善につなげることができる。また、地域内でバイオマス利活用が進むことによって、地域の人々の環境意識の向上が図られるだけではなく、「思いやりや助け合い」といったコミュニティの維持や形成に貢献するものと期待される。すなわち、バイオマスの利活用は地域に新しい仕組みや価値をもたらす。

1.1.2　バイオマスエネルギーが太陽光発電などと異なる点

（1）偏在・変動性

化石資源に代わるエネルギー源としてバイオマスが注目されている理由は、カーボンニュートラルという特性だけではない。太陽光発電や風力発電は、日射量や風向・風速などの地域条件によってその設置の良否が判断される偏在性の分散電源である。さらに、その日の天候や風速に大きく依存する変動電源である。電気の安定供給のためには、電気の需要と供給のバランスを常に保っておく必要がある(30分単位)。すなわち、太陽光や風力の発電による供給が需要を下回る際には、石炭や天然ガスによる発電によってその需給バランスを保たなければならない。逆に、太陽光や風力の発電による供給が需要を上回る際には、石炭や天然ガスによる発電を停止するだけではなく、太陽光や風力による電気を送電網から排除しなければならない事態が生じる。そのために、太陽光や風力発電はその供給の変動を抑制するために、蓄電池を設置する必要がある。また、需要サイドにおいても、電気需要のピークシフトやピークカットを検討する必要がある。すなわち、変動電源を上手に扱うためには、供給と需要の両サイドからの調整が重要となる。

一方、バイオマスエネルギーは、原料の収集・運搬・貯蔵により1年中確保されれば、年間を通じて安定的に発電することが可能である。例えば、家畜排せつ物、下水汚泥や食品廃棄物は、1年を通して変動なく毎日、ほぼ同量排出される。農作物残渣は、収穫時に大量に発生するので、貯蔵することができれば安定供給が可能となる。林地残材等の木質バイオマスは季節変動するが、多くの場合広大な土地で含水率調整のため原料が保管されており、これにより年間を通じた安定供給が可能となる。また、発電によって生じる熱を回収利用することができれば全体エネルギー効率は向上する。しかしながら、熱は損失しやすく、その配管輸送（オンライン輸送）や蓄熱材によるトラック輸送（オフライン）はコスト高のため、その利用が進んでいないのが現状である。また、冬期の熱利用は可能であっても、夏期の熱利用先がなく、排熱として捨てられてしまっている例も多い。

（2）エネルギー生産規模

エネルギー生産規模は、太陽光は家庭用4 kW規模のものから、メガソーラーといった言葉があるように1 MW（メガワット＝ 1,000 kW）といった大規模の発電所が存在する。風力発電の場合は、1基の出力が2,000 ～ 3,000 kW（最大は15,000 kW[3)]）規模のものが複数基設置される。一方で、木質バイオマス発電の場合は、タービン方式で5,000 kW以上となり太陽光や風力並みの発電規模を有するものもあるが、ガス化方式で100 ～ 200 kWと小規模なものもある。メタン発酵によるバイオガス発電の場合は、1,000 kWを超える大規模事例は希であり、100 kW以下の発電の事例も多く見られる。すなわち、バイオマスエネルギーは、太陽光や風力発電と較べて、その発電規模が小さいことが特徴であることから、発電事業として捉えるよりも、発電＋熱供給事業、循環事業（廃棄物適正処理）＋発電事業、循環事業＋BCP（Business continuous plan）対策事業などのように多面的に事業を捉えることが重要である。

（3）リードタイムと地域経済循環

太陽光発電は、地権者と事業者の交渉がまとまれば、太陽光パネルが設置され送電工事が完了すれば比較的早く、売電事業が可能となる。風力発電は、一定規模以上の場合は環境アセスメントを実施する必要があり律速になる。また、低周波や景観問題、バードストライクなどが論点となり地域住民との合意形成に時間を要する場合も多い。太陽光・風力発電の事業者は、現地法人を新たに設立する場合もあるが、その地域外の業者が設置、運営する場合も多い。工事請負やメンテナンスなどの維持管理に地域雇用が発生すると期待される。

バイオマス利活用は、そのバイオマスの種類によって異なるが、収集・運搬、変換、製品輸送、利用までのサプライチェーンを構築する必要があることから、ステークホルダーが多い。よって、太陽光や風力発電に較べてその実施間での時間（リードタイム）が長いと言われている。立場の異なるステークホルダー（事業者、自治体、市民など）による事業立ち上げには時間がかかるからである。地域で灯油やガソリンによって生計を立ててきた事業者との調整も必要となる場合もある。時間は要するが、ステークホルダー間の熟考と調整の末にできたバイオマス利活用システムは、太陽光や風力発電に較べて規模は小さいかもしれないが、確実に地域内の経済循環に寄与するものと考えられる。

（4）有限性

ある地域での森林の伐採（利用）速度と植林などによる成長速度が釣り合えば、理論上は持続的な木質バイオマスの利用は可能となる。食品廃棄物は、SDGsが目指す2030年の目標では、食品ロスを半減するとある。家畜は環境負荷が大きいという批判から、大豆ミートや細胞肉へと変換が進むことから、家畜排せつ物の量もこの先、どこまで増加するのかはっきりとは分からない。資源作物を栽培するには、土地利用から考えていかなければならない。森林を伐採し、資源作物を栽培することのメリットやデメリットは、二酸化炭素の排出と吸収の両面から議論が必要であろう。すなわち、バイオマスの利活用は、無尽蔵ではなく、むしろ限定的であると言うことである。EUでは、木材や有機性廃棄物を原料とする可燃性ペレットを使うバイオマス発電を、再生可能エネルギーとみなすかどうか、持続可能性基準の厳格化が議論されている[4)]。

1.1.3 バイオマス利活用がまちづくりに必要な理由

人口減少や少子高齢化が進むとともに、東京圏への人口の過度の集中を是正し、各地域が住み良い環境を確保する「地方創生」への取組が進んでいる。「潜在的地域資源とは何か」、「地域の強みと弱みは」、「地域のありたい姿は」、「そのための課題は」といった中長期的な視点から、あるべき姿を描き共有して、バックキャスティング的に行うべき行動を体系化し、行動に移していくことが重要である。古くから「まちづくり」の視点が重要であることは指摘されてきたが、地域特性や地域資源を活かした、地域独自の取組による、地域のためのまちづくりがますます必要となってきている。

まちづくりを活性化するための手段はいくつかある。山崎は[5]、「参加」がキーワードであるとしている。地域の課題を地域に住む人たちが解決することが、人口減で少子高齢化によって活気を失ったまちが元気になるためには、そのまちに暮らす人たちの「参加」が不可欠であると述べている。そのまちに住む人たちが、課題を共有して、参加型で解決するための知恵を絞ることが、地域を活性化させ、最終的に将来のまちのあり方を左右する。

バイオマスの利活用を検討することも、参加型の地域活性化の一躍を担う。特に、酪農地域では、酪農業がその地域の基幹産業であり、酪農家も含めた地域の人々の参加がその地域の発展を左右する。林業が盛んな地域も同様である。

酪農地域では、ふん尿の処理が課題である。未完塾なふん尿を草地や畑地へ散布することによる悪臭問題や水質問題を解決し、かつ良質な液肥や堆肥を生産することが、酪農地域の発展のためには必要不可欠である。バイオガスプラントを導入することで、ふん尿の悪臭問題が改善され、良質な液肥・堆肥が生産されると同時に、酪農家のふん尿処理にかかる手間や労力が低減されるなど、酪農業と周辺環境の双方に良い効果を及ぼすことになる。さらに、その効果は、地域の観光業などの他分野にも波及し、健全なまちづくりに発展する。

林業も地域では、製材の他に木質バイオマス燃料の販売や、その燃料を用いた発電事業を地域で展開することにより、新たな雇用を創出できる。地元に留まる若い担い手が少しずつ増え、外部からも新たな人の流入が増加し、地域が活性化していく。

都市域でも、生ごみや下水汚泥を積極的にバイオマスとしての利用を促進することが、地域の活性化に寄与する。生ごみを分別することは、多くの人にとっては手間であるが、一度分別を始めてしまえば、意外と慣れることもよく知られている。生ごみを分別排出することにより、環境意識が向上し、他のごみの排出抑制につながるというデータもある[6]。日常生活にとって不可欠な下水処理施設で発生する下水汚泥を堆肥やエネルギーとして利活用していることを、地域の人々と共有し、地域の循環経済に寄与していることを示していくことが重要である。

1.1.4　コミュニティプランニング

地域課題を明らかにし、それら課題を解決する過程を通して、多様な人々を巻き込みながら、世代間を超えたコミュニケーションにより地域コミュニティが再生される事例が少しずつ増えてきた。山崎は､「コミュニティデザイン」と称し、住民参加型、ボトムアップ型のまちづくりを仕掛けてきた。その取組内容は､徹底的なヒアリング、ワークショップ、チームビルディング、地域の人々が独り立ちすることを後押しする活動支援である[7]。

本書では､「デザイン」ではなく「プランニング」という言葉を用いている。バイオマス利活用を検討する際には、様々なステークホルダーによる協議会等で、バイオマスを利活用する目的、対象バイオマスの量と質、変換プロセス、製品の売り先の確保、事業形態や事業採算性を、定量的･定性的情報を用いて徹底的に議論する。このような一連のフィージビリティスタディを尽くし、これら検討のエビデンスに基づき、バイオマス利活用によるまちづくりを中長期的な視点から計画する。これが「プランニング」を用いている理由である。

1.1.5 私たちが目指す「バイオマスコミュニティプランニング」

この協議会等で議論される過程において、自治体、複数の異分野民間企業、NPO、学識者、住民の交流が始まる。協議会で、挨拶をする程度の単なるお知り合いから始まり、徐々に立場を超えた意見を交わすようになる。まちづくりを念頭においたバイオマスの利活用は、全員が得をするとは限らず、中には不利益を被る人や企業が出てくるかもしれない。そのような多様な価値を有する人々の合意を形成していくプロセスが重要である。

しかも、前述したように現地調査を踏まえた物質収支、エネルギー解析、事業分析などの定量的なフィージビリティスタディに基づいた議論が重要である。その際、事業主体と事業目的が、極めて重要となる。民間企業が行う事業であれば、赤字では当然行うことができない。しかし、事業の目的を見直し、その企業にとって中長期的な利益となるならば、他の黒字事業との抱き合わせで、実施することも可能となるかもしれない。SDGs、ESG投資、CSRなど企業の社会のための取組や環境のための取組が企業価値を向上する。

一方、自治体が行う事業の場合は、自治体の総合計画や関連計画に基づき、議会承認され予算執行可能な施策として実施していく必要がある。防災・減災などのBCP対策や、廃棄物の適正処理など地域環境対策の一環として、自治体が主体となって行う事業もある。

さらに、世界で初めてバイオマスのみで、村のエネルギーすべてを賄うことに成功したドイツユンデ村では、住民出資型のエネルギー組合を設立して運営されている。また、自治体及び民間企業･住民らが出資し、再生可能エネルギーだけではなく地域交通や水道・下水道などの複数の異分野公共部門を束ねた公社であるシュタットベルケといった仕組みも注目されている。

本書が目指す「バイオマスコミュニティプランニング」とは、地域の中長期的なまちづくりの観点から、地域特性に応じたバイオマスの利活用を、地域の多様な人々の協議（場）により、フィージビリティスタディ（情報）によるエビデンスに基づき、地域独自の事業として立ち上げていくための計画づくりを意味する。

1.2　バイオマスコミュニティプランニングが必要な背景

1.2.1　地球の限界

（1）プラネタリーバウンダリー

地球の環境容量の観点から地球の限界を示した一例としてプラネタリーバウンダリー[8]が有名である（**図1.2-1**）。気候変動、新規化学物質（Novel entities）、成層圏オゾンの破壊、大気エアロゾルの負荷、海洋酸性化、生物地球化学的循環（窒素、リン）、淡水利用、土地利用変化、

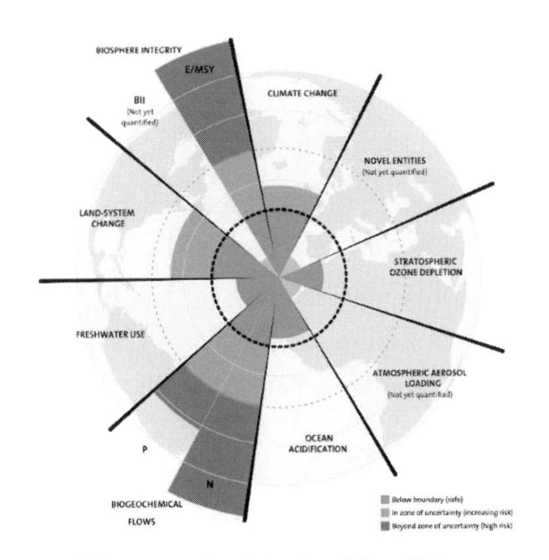

図1.2-1　プラネタリーバウンダリー
（J. Lokrantz/Azote based on Steffen *et al.* 2015）

生物圏の一体性（生態系機能の消失（BII）、絶滅の速度（E/MSY））の9項目（細項目もいれると11項目）について、「地球の限界の領域内」、「不安定な領域」、「不安定な領域を超えてしまっている」の3段階でリスクを表現したものである。特に窒素とリンの循環、希少生物の絶滅の速度の3項目が、不安定な領域を既に超えてしまっており高リスクであると評価されている。気候変動や土地利用変化も次いで、「不安定な領域」であると評価されている。

ハーバー・ボッシュ法による工業的窒素固定は、既に微生物による窒素固定を上回っている[9]。その窒素は肥料として農地に投入され作物が生産され、家畜の飼育や人間の食料として消費され、それら一連の代謝過程で摂取されなかった余剰窒素分は、自然生態系に流れていく。その過程で、N_2OやNOxの排出や河川での富栄養化をもたらしている。リンも同様で、農地でのリン肥料の大量投入により、結果として河川へ流れていく量が増えており、さらにリン鉱石の枯渇も指摘されている。プラネタリーバウンダリーでは、環境容量としての閾値が定められているが、この閾値の設定に関しては多くの考え方や研究があることも事実である。

（2）人新世（Anthropocene）

地質時代区分の観点から、現在は「人新世（アントロポセン）」と呼ばれており、関連書籍の出版が相次いでいる[10]。人類の活動は、1万1700年ほど前の「新生代・第四紀・完新世」に始まり現代まで続いている。しかしながら、産業革命以降、特に1950年前後に急加速度で、人口が増加し、工業による大量生産、農業の大規模化、都市の巨大化により、二酸化炭素排出量の増加など、前節で示したプラネタリーバウンダリーの項目の悪化が劇的に進んだ。「人新世」は、地質年代区分としては、学術団体による同意が必要でありまだ正式に採用されるには至っていない。しかし、この急加速度的な環境変化の痕跡が地層や氷床などに残るものと考えられる。地質学的にも、人類の行動が地球環境全体に大きな

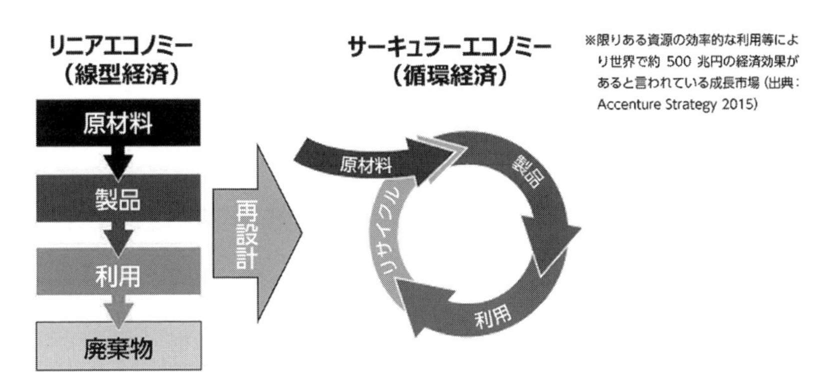

図1.2-2　サーキュラーエコノミー

影響を与えているということの一つの象徴であろう。

1.2.2　国際的な動向

（1）SDGsと脱炭素の取組

2015年9月に国連総会において採択された、持続可能な世界を実現するための17のゴール・169のターゲットから構成される持続可能な開発目標（SDGs）に向けた取組が加速している。また、2015年12月に採択されたパリ協定では、温室効果ガス排出削減の長期目標として、気温上昇を2℃より十分下方に抑える（2℃目標）とともに1.5℃に抑える努力を継続すること、そのために今世紀後半に人為的な温室効果ガスの排出量を実質ゼロ（排出量と吸収量を均衡させること）とすることが盛り込まれた。世界が脱炭素への舵を切るきっかけとなっており、2021年5月にはIEAからNet Zero by 2050が公表され、世界のエネルギー部門の2050年までの脱炭素に向けたロードマップが示されている[11)]。

（2）サーキュラーエコノミー

サーキュラーエコノミー（循環経済）とは、従来の「大量生産、大量消費、大量廃棄」のリニアな経済（線形経済）に代わる、製品と資源の価値を可能な限り長く保全・維持し、廃棄物の発生を最小化した経済を指す[12)]。従来の3Rの取組に加え、資源投入量·消費量を抑えつつ、ストックを有効活用しながら、シェアリングやサブスクリプションといった新しいサービス等を通じて付加価値を生み出す経済活動である。

（３）ESG投資

世界では、脱炭素社会への移行や持続可能な経済社会づくりにむけたESG金融（Environment、Social、Governance）への取組が、パリ協定やSDGs等を背景として、欧米から先行し普及・拡大している。世界全体のESG投資残高に占める我が国の割合は、2016年時点では約2%にとどまっていたが、2018年には世界全体の約7%を占め、成長率では世界一であった。2019年の日本のESG投資残高は約3兆ドル（336兆円）と、2016年からの直近3年で約6倍にまで拡大している（**図1.2-3**）。

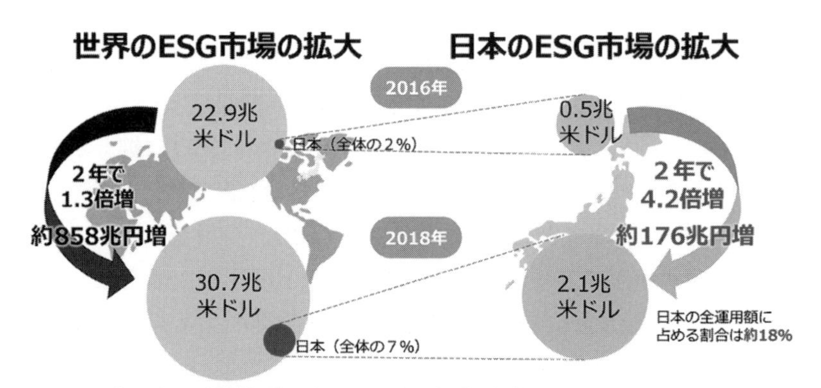

図1.2-3　ESG市場の拡大

（４）カーボンプライシング

カーボンプライシングは、主に炭素税及び排出権取引制度を指すことが多い[13]。炭素税は、炭素含有量に基づき化石燃料の採取や使用等に伴い課される税であり、日本では2012年に「地球温暖化対策のための税」[14]として導入され段階的に施行された。1990年のフィンランドの炭素税導入を皮切りに、1991年にはスウェーデン及びノルウェー、1992年にはデンマークが相次いでCO_2税を導入している。世界銀行のデータベース[15]では、2021年4月1日現在で、27カ国で導入されている。

排出権取引とは、企業や施設に対して温室効果ガスの排出枠を定め、排出枠が余った企業と、排出枠を超えて排出してしまった企業との間で取引する制度である[13]。2002年に英国で初めて導入され、2005年に開始した欧州連合域内排出量取引制度が代表的である。国内では、東京都での排出量取引制度などが存在する[16]。さらに、気候変動対策をとる国が、同対策の不十分な国からの輸入品に対し、水際で炭素課金を行う国境炭素調整[17]の導入について、協議が進められている[18]（2021年7月現在）。

1.2.3　国内の環境をめぐる課題

（１）人口減少とコミュニティの崩壊

本格的な少子高齢化・人口減少社会を迎え、地方から都市への若年層を中心とする流入超過の継続により、人口の地域的な偏在が加速化している。このような人口減と地域偏在化は、地域コミュニティの弱体化、ひいては崩壊を招いてしまう。町内会やPTAなどのコミュニティの自主的な活動に頼ってきた自治体の環境行政（例えば、ごみステーションの管理や集団資源回収など）の支障となる可能性もある。

人口減少に伴い、例えば焼却処理施設の稼働率が低下するなど、発電量が低下し収益が減り、固定費は処理ごみ量に関係なく計上されることから、結果的にごみ処理単価が上昇するなど、既存のインフラの利用もコスト高になってしまう。高齢化社会が進むと、日々のごみ出しに支障がでる高齢者が増えることから､地域のごみ収集コスト増も避けられず、過疎地域ではその傾向が顕著となる。

まちぐるみで、地域の若年層の流出を抑制したり、地元へのUターンや移住者を増やすための工夫を行っているところも少なくない。バイオマス利活用の促進もその一躍を担うことが可能である。地域に新たな雇用を生み出すことはもちろんのこと、資源循環型のカーボンニュートラルなまち、環境に優しい持続可能な社会に貢献できる魅力的なまちづくりが求められている。

（2）脱炭素社会

2008年の21世紀環境立国戦略[19]では、低炭素社会、循環型社会、自然共生社会の3つの社会づくりを統合的に進めていくことにより、地球環境危機を克服する持続可能な社会を目指すとされた。そして、2020年10月28日、菅総理所信表明演説にて「2050年までに脱炭素社会を実現」との発言を受け、日本国内の脱炭素に向けた動きが活発化した。2021年4月には、2030年の温室効果ガスの削減目標について、2013年度比マイナス46%と表明され､2021年6月には「地域脱炭素ロードマップ」[20]が国･地方脱炭素実現会議から発表された。

さらに､2021年7月21日時点でのエネルギー基本計画（素案）[21]では、暫定値ではあるがが2030年の電源構成として、再生可能エネルギー36～38%、水素・アンモニア1%、原子力20～22%、LNG20%、石炭19%、石油等2%であることが示された。2019年度の再生可能エネルギーの割合は18%であることから、大幅な再生可能エネルギーの導入が求められていることになる。

（3）地域循環共生圏

2018年4月に閣議決定された第五次環境基本計画[22]では、SDGsやパリ協定といった国際的潮流や複雑化する環境・経済・社会の課題を踏まえ､複数の課題の統合的な解決という「地域循環共生圏」が提唱された。「地域循環共生圏」とは、各地域が美しい自然景観等の地域資源を最大限活用しながら自立・分散型の社会を形成しつつ、地域の特性に応じて資源を補完し支え合うことにより、地域の活力が最大限に発揮されることを目指す考え方である。

バイオマス等の地域資源を活かしながら、エネルギーの地産地消、災害時の電力供給など自立・分散型の社会を形成するだけではなく、エネルギー、飼肥料、食料など域外に流出していた資金を域内で循環することにより、地域経済にとってもプラスになる社会を目指すことが重要である。また、エネルギーの大量消費地域と再生可能エネルギーの大量生産地域との連携、食品廃棄物大量発生地域と肥料大量需要地との連携など、資源を補完し支え合う仕組み作りが求められている。

1.3　廃棄物及びバイオマス利活用の現状と課題

1.3.1　廃棄物処理の経緯[23)]

公衆衛生の向上を目的として、1900年に「汚物掃除法」が制定された以降、ごみの収集・処分は市町村の義務として位置づけられ、ごみ処理業者を行政の管理下に置き、清掃行政の仕組みが作られてきた。戦後のごみ排出量の増大から、市町村のみでは公衆衛生の問題、ごみ運搬、飛散防止など都市ごみ問題の拡大に対応することができず、1954年に「清掃法」が制定され、従前の市町村に加えて、国と都道府県が財政的・技術的援助を行うこと、住民に対しても市町村が行う収集・処分への協力義務を課すことなどが定められた。

1960年代に入り、日本の高度成長期に入ると、大量生産・大量消費型の経済構造が進展し都市ごみが急増するとととともに、都市開発に伴う建設廃材（土砂、がれき等）が大量に排出され、化学工業による公害が顕在化し、さらにプラスチック類の生産量も増加し、大量のごみが排出されるようになった。

環境関連の法整備が一気に進められた1970年には、「廃棄物処理法」が制定され、現在の法律的体系ができあがった。すなわち、一般廃棄物は市町村が、産業廃棄物は排出事業者が処理の責任を担うというものである。適正処理を推進するために、1971年には一般廃棄物処理施設に関する構造基準、1977年には一般廃棄物及び産業廃棄物の最終処分場に係る構造基準が定められ、この構造基準に適合する施設の整備費用を補助する、廃棄物処理施設国庫補助制度によって、適正処理を行う処理施設の整備を国が後押しした。最終処分場の確保が困難な日本では、この制度を用いた焼却施設が、全国的に普及が進み、処理能力が向上していった。また、焼却排ガス処理の観点から、可燃物と不燃物、プラスチック、ゴム類などに分別収集する仕組みも進んだ。

1980年代は、いわゆる日本のバブル期に相当し、消費増大や生産活動の一段の拡大により廃棄物排出量が増加し続けた。一般廃棄物及び産業廃棄物の最終処分場の不足と逼迫も顕在化し、立地に伴う建設反対運動も表面化した。また、香川県豊島、青森・岩手県境大規模不法投棄等事案の発生もこの時代である。また、ごみ焼却施設からのダイオキシン類の発生も問題化した。

1991年の廃棄物処理法改正において、適正処理に加えて「廃棄物の排出抑制と分別・再生（再資源化）」が法律の目的に位置づけられた。さらに2000年には、大量生産・大量消費・大量廃棄型の経済システムから脱却し、3R（発生抑制（Reduce）、再使用（Reuse）、再生利用（Recycle））の実施と廃棄物の適正処分が確保される循環型社会の形成を推進するために、「循環型社会形成推進基本法」（循環基本法）が制定された。同法において策定することとされた「循環型社会形成推進基本計画」（循環基本計画）において、資源生産性（入口）、循環利用率（循環）、最終処分量（出口）の数値目標を明確に掲げられたことにより、循環型社会の構築が本格的に始まった。同時に産業廃棄物の規制強化に加えて、ダイオキシン類対策も進められた。

その頃、各種リサイクル法も相次いで制定され、循環型社会形成の推進役を務めた。1995年の容器包装リサイクル法、1998年家電リサイクル法、2000年建設リサイクル法、食品リサイクル法、2002年自動車リサイクル法、2013年小型家電リサイクル法である。

1.3.2　循環型社会におけるバイオマス利活用の現状

上述したように、国土面積が狭い日本では、国庫補助制度も相まって焼却施設の建設が全国的に進められてきた。生ごみなどの腐敗しやすいごみは、特に都市部では衛生上の観点から、熱処理した方が好ましいという理由から焼却処理されてきた経緯がある。また、産業廃棄物である下水汚泥についても、大都市では埋立量削減のため焼却処理されることが多く、小規模自治体では財政的制約から最終処分あるいはごく一部は堆肥化、そして中規模自治体では、消化処理（メタン発酵）により汚泥を減容化し、最終処分あるいは堆肥化が行われてきた。建設廃材などについても、一部は燃料利用されていたが、多くは分別されず混合物として最終処分されてきた。すなわち、生ごみ、下水汚泥、建設廃材などは、バイオマスという認識がなく、処理・処分されてきたと言えよう。

前述した2002年に閣議決定された「バイオマスニッポン総合戦略」で、これら有機性廃棄物がバイオマスと認識され、その取組が始まったと言える。2015年時点でのバイオマスの利用量等の現状[24]は、家畜排せつ物（排出量486万ｔ、利用量419万ｔ、利用率87%）、下水汚泥（90万ｔ、61万ｔ、68%）、黒液（403万ｔ、403万ｔ、100%）、紙（1000万ｔ、814万ｔ、81%）、食品廃棄物（65万ｔ、19万ｔ、29%）、製材工場等残材（320万ｔ、310万ｔ、97%）、建設発生木材（220万ｔ、207万ｔ、94%）、農作物非食用部（すき込み除く）（438万ｔ、139万ｔ、32%）、林地残材（420万ｔ、56万ｔ、13%）である。

家畜排せつ物は、堆肥として農地に還元された量が、利用量としてカウントされている。従って、未完熟な堆肥や生スラリーなど、悪臭や草地生育に支障をきたす堆肥として散布されている可能性、そして散布量が適正ではなく、河川水や地下水に悪影響を及ぼす可能性も否定できない。下水汚泥の利用量は、焼却後の埋立資材等の利用も含めた値であり、バイオマスとしての未利用量は65%あると報告されている[25]。食品廃棄物については、一般廃棄物としてのいわゆる家庭系の生ごみと事業系一般廃棄物としての生ごみが、多くの自治体で焼却処理されていることが、利用率が低い原因である。

農作物非食用部については、ダイオキシン類対策として稲わらなどの野焼きが禁止されて以来、再生利用に着目されるようになったが、多くはすき込みされており、牛ふん堆肥の調整材や敷料利用などの利用に留まっている。林地残材については、2002年当時は0%であったことを考えると13%まで上昇したと言えよう。

1.3.3 バイオマス利活用の課題

上記で利用率が低いバイオマス、あるいは利用率が高くてもその利用方法に課題があるバイオマスとして、家畜排せつ物、下水汚泥、食品廃棄物、農作物非食用部、林地残材について課題をまとめる。

（1）家畜排せつ物

2004年、家畜排せつ物法[26]が本格施行され、それまで野積み状態であった家畜排せつ物は、固形状の場合は、床を不浸透性材料で築造し適当な覆い及び側壁を設けられた堆肥舎にて、スラリー状の場合（法律では液状）は、不浸透性材料で築造した貯留槽にて処理・管理することとされ、処理・保管されたふん尿はできる限り土壌改良材や肥料として利用することが求められた。また、家畜排せつ物を畜産農家だけではなく、畑作においても利用する耕畜連携が推進されてきた経緯があり、集中型の堆肥化施設の導入も行われてきた。

特にスラリー状のふん尿の排出・保管・散布過程において悪臭問題を抱えていた酪農家が、その改善のために個別バイオガスプラントを導入する事例、悪臭問題を地域で解決すべき課題として捉えた自治体が主導して、複数の酪農家からふん尿を収集し利活用する集中型バイオガスプラントを導入する事例が増えてきた。2011年に始まった固定価格買取制度（電気事業者による再生可能エネルギー電気の調達に関する特別措置法）[27]（以下、FIT）により、バイオガスプラントの導入が加速化された。2019年度時点で北海道の酪農・畜産系のバイオガスプラント数は101基となっている[28]。

家畜排せつ物の利活用に関する課題として、特に牛ふん尿を想定した課題を、以下に挙げる。

＜固形状の牛ふん尿＞

・家畜排せつ物法に基づき設置された堆肥舎について、設置された当時から飼養頭数の増加やふん尿の性状変化などによる容量不足が生じていること。
・水分調整材の確保が難しく、堆肥化作業にも手間がかかること。
・経営範囲内で利用される場合が多く耕畜連携がなかなか進まないこと。
・堆肥の性状や栄養分の含有量などについて、利用者ニーズとのギャップがあること。

＜スラリー状の牛ふん尿＞

・飼養頭数の増加に伴い、スラリー状で排出される牛ふん尿量が増加していること。生スラリーとして草地・飼料畑へ散布せざるを得ない場合があること。
・FIT接続できる環境にある地域ではバイオガスプラントの導入が進んでいるが、FIT接続できない地域ではその導入が進んでいないこと。
・バイオガスプラント導入に伴い増頭する場合が多く、メタン発酵後の消化液の量も増加することから、草地・飼料畑への散布に限界が生じていること。消化液の処理の検討も必要であること。
・消化液の性状や栄養分の含有量についてばらつきが多く、利用者ニーズとのギャップが生じて耕畜連携がなかなか進まないこと。
・FIT終了後、あるいはFIT接続できない地域での採算のとれる、いわゆるFITに頼らないバイオガスプラントの導入手法について検討する必要があること。そのためにはバイオガスの利用方法（直接利用、バイオメタンとしての利用、水素等の利用など）の検討が必要なこと。

さらに、今後、食肉としてニーズの高まると期待される豚ぷんや鶏ふんの利活用も課題となろう。特に、窒素やリンの循環の観点からの利用推進が望まれる。
・豚ぷんは、堆肥化や汚水処理される場合が多いが、必ずしもそのプロセスが健全に管理されている訳ではないこと。悪臭問題や水質問題を抱えている畜産家が多いこと。
・豚ぷんのメタン発酵は、窒素成分が多いため、希釈や他の資材との混合発酵する必要があること。またメタン発酵後の消化液の処理や利用先を検討する必要があること。
・鶏ふんは、焼却処理されている場合も多いが、栄養分としての利用やエネルギー回収型の利用方法を検討する必要もあること。

（2）下水汚泥

下水汚泥の2019年度のリサイクル率は74.8%である[25]。リサイクルの内訳は、建設資材（セメント化除く）が20.8%、建設資材（セメント化）が30.9%、緑農地利用が14.1%、燃料化等が7.6%、その他有効利用が1.4%であり、建設資材としてマテリアル利用されてきた経緯がある。2014年の新下水道ビジョン[29]では、「水・資源・エネルギーの集約・自立・供給拠点化」が掲げられ、「再生水、バイオマスである下水汚泥、栄養塩類、下水熱について下水道システムを集約・自立・供給拠点化する」「従来の下水道の枠にとらわれずに、水・バイオマス関連事業との連携・施設管理の広域化、効率化を実現する。」とされ、さらに2017年の「新下水道ビジョン加速戦略～実現加速へのスパイラルアップ～」[30]においては、概ね20年での下水道事業における電力消費量の半減及び下水処理場の地域バイオマスステーション化への重点的支援等を位置付けた。これにより、下水汚泥のマテリアル利用の側面の他に、バイオマスとしての利用の促進を図っている。2019年度の下水汚泥のバイオマス利用の内訳として、バイオガスが16%、汚泥燃料、焼却廃熱利用等が8%、農業利用が10%であり、合計35%がバイオマス利用されており、これらの割合を増加させること目指している。かねてより、下水道革新的技術実証事業（B-DASHプロジェクト）[31]及び汚水処理施設共同整備事業（MICS）[32]により、下水道処理事業の効率化及び下水汚泥の利用の促進を図ってきているが、バイオマス利活用の観点から、以下の課題が挙げられる。

・下水汚泥の既存のマテリアル利用ルートからバイオマス利活用ルートへの切り替えにつて、建設資材としての需要量の見通し、脱炭素に向けた取組など多様な視点から、地域毎に合理的な下水汚泥の利活用の検討を行う必要があること。既存のマテリアルリサイクルを継続すべき地域もあること。
・生ごみと下水汚泥の混合メタン発酵が、バイオマス利活用方法の一つとして期待される。しかし、廃棄物部門と下水処理部門の事業形態の違いから、その連携がうまくいかない場合があること。例えば、下水道処理事業は、公共下水道、流域下水道の他に、集落排水施設などの事業形態がある一方で、廃棄物は基本的に各自治体あるいは一部事務組合によって生ごみやし尿・浄化槽汚泥が扱われていること。
・地域の環境保全と資源循環利用、さらに社会コストの最小化の考え方から、廃棄物部門と下水処理部門の効率的な連携、施設の集約化・広域化を検討する必要があること。例えば、生ごみは下水汚泥との混合メタン発酵を行い、発酵残渣は一般廃棄物焼却施設で焼却するなど。またディスポーザーの利用の検討も継続的に行う必要があろう。

（3）食品廃棄物

2000年に制定された食品リサイクル法において食品ロスの削減も含めた再生利用向上のための取組が行われている。2017年度の食品産業の再生利用等実施率[33]は、食品製造業で95％（2024年度目標95％）、食品卸売業は67％（75％）、食品小売業は51％（60％）、外食産業は32％（50％）であり、食品小売業や外食産業から排出される食品廃棄物は焼却・埋立等により処分される量が多い。これは、事業系一般廃棄物の処理・リサイクル体系が、自治体の一般廃棄物の処理・リサイクル体系に従っている場合が多いからである。食品リサイクル法における、食品廃棄物の再生利用等に取り組む優先順位は、発生抑制→再生利用→熱回収→減量化である。再生利用[34]については、豊富な栄養価を最も有効に活用できることから飼料化が最優先とされ、次に肥料化（メタン化の際に発生する消化液を液肥利用する場合を含む）、その次にきのこ菌床への活用を推進すべきとある。さらにその上で、飼料化・肥料化・きのこ菌床への活用が困難なものについては、その他の再生利用（メタン化によるエネルギー利用等）を推進することが必要であるとされている。

食品廃棄物のバイオマスとして利活用を促進するための課題は、以下が挙げられる。

・食品ロス削減の観点から、家庭系・事業系すべての食品廃棄物の発生抑制をさらに推進すべきであり、フードバンクやフードドライブ等の取組を加速化させる必要がある。

・家庭から排出される生ごみにおいても、食品廃棄物の再生利用等に取り組む優先順位の考え方をできる限り適用し、エネルギー回収型の焼却処理よりも、栄養価を利用できる飼料化、肥料化を検討すべきである。欧州でも、食品廃棄物中に含まれる栄養価の循環が着目されている。
・飼料化及び堆肥化については、ユーザーに利用してもらって始めて利活用システムが完結する。品質や利用方法についてユーザーとギャップを埋める一層の取組が必要である。
・再掲であるが、生ごみと下水汚泥との混合メタン発酵を推進するなど、他部局との連携により、地域内の社会コスト最小化の観点から、関連施設の集約化・効率化を図る必要があること。
・生ごみの分別については、手間がかかるなど住民や事業者の協力が欠かせないが、他の可燃物との混合収集による機械選別による検討も必要である。
・民間の食品廃棄物リサイクル業者（飼料化、堆肥化、メタン発酵など）と自治体が連携して、一般廃棄物としての食品廃棄物利活用を推進する必要があること。

（４）農作物非食用部

稲わら、籾殻、麦稈などの農作物非食用部については、前述したように多くはすき込みされており、利用は一部に限られている。農作物非食用部は、収穫後の一時に大量に排出されるという性質がある。さらに籾殻はライスセンター等で一カ所から排出されるのに対して、稲わらと麦稈は圃場から収集しなければならず、ロールベーラー等が必要となり、利用の際には運搬・保管を考慮する必要があり、利活用の際のコスト高の要因となる。

特に、農作物非食用部を燃料利用する際の課題を下記に挙げる。

・上記に記載したように、農作物非食用部の発生特性により、収集・運搬・保管を考慮する必要があり、燃料利用するまでのサプライチェーン全体のコスト・環境効率性を考える必要があること。
・利活用の規模や燃焼機器に合わせて、粉砕・ペレット化・炭化などの前処理が必要であること。
・稲わらのペレット事業が行われている事例[35]もあるが、木質ペレットと比較した際のコストや灰分が多いため、発生する灰の量が多いこと、そして燃焼時にクリンカが発生してしまい、燃焼阻害や熱交換器の効率低下の原因となることがあること。これらに対しては、木質ペレットの混合燃焼や稲わらを半炭化し木質との混合ペレットの製造などの提案がある[36,37]。
・稲わらからバイオエタノールを製造する実証試験が行われている[38]。製造コスト低減やスケールアップの検討が必要である。

（5）林地残材

2017年の林地残材の利用率は24%であり、2025年の目標値は30%以上となっている[39]。製材工場等残材と建設発生木材の利用率がいずれも98%と96%（2018年度）と高い水準であるのに対して、まだ低いのが現状である。林地残材の利用については、主にチップボイラやペレットボイラによる熱利用が主体であったが、FIT以降は、大型の木質バイオマス発電の建設が相次いでいる。2018年において国内で消費された燃料材等は2,240万m^3であり、そのうち国産の森林由来の燃料は624万m^3（約26%）、輸入由来の燃料が514万m^3（約21%）、製材残材等由来の燃料が398万m^3（16%）、建設資材廃棄物由来の燃料が904万m^3（37%）となっている[39]。これより、製材工場等残材と建設発生木材を除いた合計1,138万m^3のうち、514万m^3（45%）が輸入由来の燃料となる。輸入由来の燃料のうち、237万m^3（126.5万ｔ）はパーム油を搾油した後の椰子殻（Palm Kernel Shell: PKS）である。

木質バイオマス発電については、資源エネルギー庁の資料[40]では、国産材を活用する木質バイオマス発電・熱利用は、①エネルギー自給率の向上、②災害時などにおけるレジリエンスの向上、③我が国の森林整備・林業活性化の役割を担い、地域の経済・雇用への波及効果が大きい等の多様な価値を有する、と述べられている。

林地残材の利活用を推進する上での課題は、以下に挙げられる。

・地産地消のエネルギー源としてチップやペレット利用の促進が求められているが、灯油や重油に比べてコスト高の場合が多いため需要拡大につながっていないこと。
・重油ボイラに比べて、バイオマスボイラも高いコスト水準にあること。
・木質チップの品質（粒径や含水率、灰分など）が不十分であるなどの理由により、導入初期に、燃焼トラブルや必要熱量が得られないなどのパフォーマンス不足の事例があること。
・特に大規模のバイオマス発電は他の再エネ電源と異なり、発電の際に燃料が必要となることが特徴であり、コスト低減の観点からは、燃料費がコストの大半を占める（木質バイオマス：燃料費が７割）中で、どのようにコスト低減の道筋を明確化していくかが課題である[40]。
・コスト低減が進まない場合、既導入設備についてもFIT買取期間終了後の事業継続が懸念される。長期安定電源化の観点から、燃料の安定調達や持続可能性の確保が課題である[40]。

1.4　バイオマス利活用システム構築

1.4.1　システムズアプローチによるバイオマス利活用システムの構築

これまで我々は、バイオマス利活用を一つのシステムと捉え、システム論的アプローチを行ってきた。**図1.4-1**に考慮すべきシステムの要素

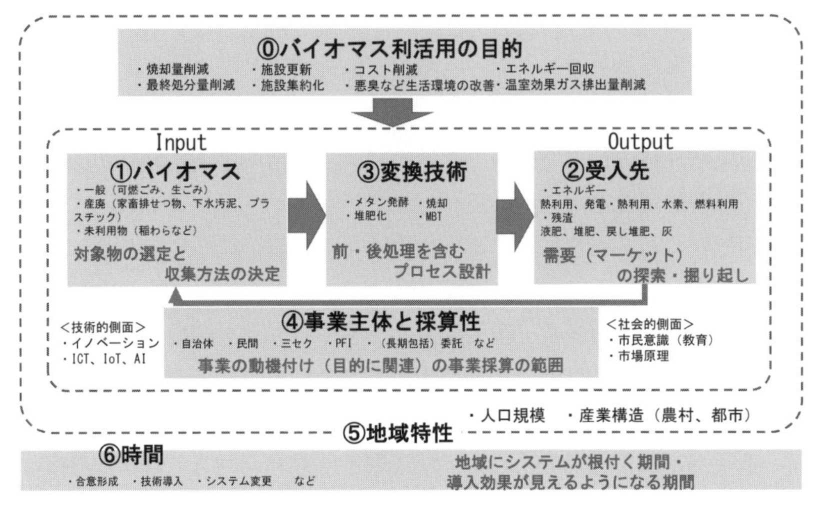

図1.4-1　バイオマス利活用のシステムズアプローチ

を示す。**図1.4-1**は当寄附分野の前著書[41]に載せたものを発展させ、「⑥時間」という要素を追加している。各要素について以下に解説していくが、詳細については参考文献[41]をご覧いただきたい。

⓪　バイオマス利活用の目的

事業化や新規システムの構築には、動機となる事象がある。地域で困った課題を解決することを契機として検討が行われることが多く、**図1.4-1**中に示す項目が例として挙げることができる。バイオマスに関する課題は人口動態や産業構造と密接に関係することが多い。例えば、一般廃棄物の量は人口に比例し、産業の盛衰はその産業から排出されるバイオマス量や質を変化させる。したがって、将来にわたる課題も含めたバイオマス利活用の目的を設定する必要がある。

①　インプット（バイオマス）

検討対象地域で賦存するバイオマスに加え、資源作物の生産といった追加的なバイオマスも対象として選定する。収集可能量や収集物の質を考慮しつつ、収集方法を決定する必要がある。

対象とするバイオマスは、生ごみや下水汚泥、家畜ふん尿など人の生活や生産活動により必ず発生し、恒常的に適正処理し続けなければならないものがほとんどである。したがって、将来予想される対象物の量の変化、例えば、人口減少に伴う一般廃棄物量の減少や酪農業における家畜飼養頭数の増加に伴うふん尿の量と質の変化など、できるかぎり精度よく予測する必要がある。

②　アウトプット（受入先）

バイオマスの利活用はアウトプット、出口戦略が重要になる。すなわち需要の探索、新規需要の掘り起こしである。物質的アウトプットとしてはエネルギーや堆肥、液肥、さらには発電により生じる二酸化炭素も、植物工場での利用や水素化の素材として有用であるとみられている。これまでFITによる事業性の成立、維持が注視されてきたが、将来に向けてFIT以外でのエネルギーと残渣の利用も考え、総合的に採算が合うシステムを構築する必要がある。

③　変換技術

インプットとアウトプットに応じた技術の選択や前・後処理を含むプロセスの設計が必要であり、加えて供用時には施設の運転・維持管理が必要である。

廃棄物中からのエネルギーや有価物を効率的に回収する技術として、メタン発酵、燃焼（直接燃焼、溶融、ガス化）、MBT（Mechanical Biological Treatment）などがある。近年では、メタンからメタノールやギ酸[42]、水素[43]、プロパンやブタン[44]といった液化天然ガス相当の素材に変換する、いわゆる二次変換技術が研究・実証されてきている。これによりアウトプットとしての利用の多様性が見込まれる。これらの革新的技術を将来導入する可能性を含め、現在の導入するべき変換技術を、アウトプットを含めて十分検討する必要がある。

④　事業主体と採算性

バイオマスの利活用システムを構築するうえで、事業主体は極めて重要である。一般廃棄物を対象とする場合は、その処理責任を有する市町村が第一の事業主体となり、事業採算性が多少悪くても公共サービスを提供することを目的にシステムを構築される。廃棄物の排出者が自ら、あるいは廃棄物処理事業者など、民間主導で事業を展開する場合は、事業採算性が重要となる。他の事業形態としては、公共関与の第3セクター方式、PFI（Private Finance Initiative）事業、運転・維持管理の長期包括委託や、自治体からの民間企業への委託処理により、市町村で排出される一般廃棄物を利活用することも考えられる。

事業主体は先に説明した⓪目的設定と密接した関係にあり、関係者でよく議論して、事業の目的や事業主体を決定することが重要である。同時に事業採算の範囲、評価する時間も検討することが重要となる。例えばバイオマス利活用の事業は採算性が悪くても、他の事業の好影響を与える場合もある。CSR（企業の社会的責任）や広報まで考慮するなど、事業採算性の範囲が広くとれる場合には、全体としてプラスとなる場合もある。特に自治体主導の事業の場合、快適な生活や教育、人材育成など住民サービスという観点も必要である。これら事業採算の範囲を広くとる、すなわち間接的効果について事業採算としてとらえる場合、その効果を計測や実感するためには時間がかかるため、その時間的概念も含めて検討する必要がある。

⑤　地域特性

これまで①〜④に示した項目それぞれに対して、地域特性を考慮しなければならない。例えば、アウトプットに見られる需要は、対象とするコミュニティの規模や特性（地域の特色、産業構造、歴史）が影響する。すなわち事業を計画する際には、その土地をよく知り、その土地にとって何が求められているのか、といった**図1.4-1**中の⓪バイオマス利活用の目的に相当する点に加え、制約条件は何か、といった地域特性について入念な事前調査が必要である。

さらに地域の範囲についても考える必要がある。とかく各省庁からの補助金の範囲が地域範囲になりがちであるが、地域循環共生圏のように市町村の垣根を超えて「一つの地域」という視点も重要となる。

⑥　時間

本書籍にて追加した要素である。前述の通り、各プロセスに「時間」という概念の必要性を述べてきた。

前述の通りバイオマスの利活用には多くの関係者が存在し、多くの関係者の協力を得られなければ成立しないシステムである。また、バイオマス事業は中長期の視点に立って計画されるべきであり、おのずと事業採算の視点も同じようになる。

インプットにおいては一般廃棄物であれば生ごみ分別回収や特定物の回収などの収集方法について住民や排出者の合意が必要である。アウトプットにおいては地域特性でも挙げた通り、地域既存の企業と連携するための合意形成が不可欠である。また事業の主体となる既存団体の選定や新たな団体の設立などにも合意形成に時間を要する。例えば家畜排せつ物のバイオガスプラントを複数酪農家が集まり出資・運営する形などがある。

このように対象バイオマスの利活用に関わるパートナーに対して合意形成を十分な時間をかけることで、円滑な事業開始および持続的な事業への成熟が期待できる。

また、事業採算性などの事業の是非を評価する上でも、中長期的視点に立つ必要がある。例えばバイオガス事業は、太陽光発電や風力発電のようなエネルギーの直接販売収益とは異なり、廃棄物の適正処理という面で重要である一方で、CSRやESG投資といった、効果が見えるまでのタイムラグも考慮する必要がある。

1.4.2 循環とエネルギー

前寄附分野において提唱したバイオマスの循環とエネルギー利用の関係を**図1.4-2**に示す。バイオマスの循環とエネルギーの利用はちょうど車の両輪と同じ関係になっている。すなわち、バイオマスの循環利用の必要性は前述の通りであり、そのためには循環を駆動させるための力が必要である。それがエネルギー利用である。現在はFIT売電による資金調達がサイクルの駆動において強いインセンティブの一つになっているが、時限付きの制度であることを忘れてはいけない。したがって、FIT制度に頼らずとも成り立つシステム設計をする必要がある。

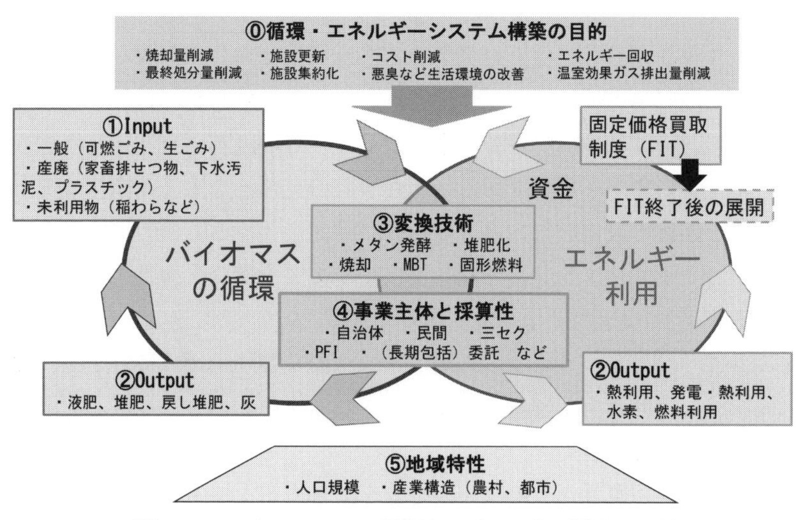

図1.4-2　バイオマスの循環とエネルギー利用の両輪

1.4.3　Win4（循環＋エネルギー＋地域物産品＋BCP）

本書では、**図1.4-2**を拡張し、Win4という「将来のまちづくり」の考え方を提唱したい。**図1.4-3**にその概念図を示しており、**図1.4-2**に示したバイオマスの循環とエネルギーの利用に加え、地域特性を踏まえた「特産品」、「防災・BCP」という２つの輪が追加されている。これら２つが新たな駆動力となり、相互連携することで全体が循環する、まさにwin×4という意味を込めて『Win4』としている。とかくバイオマスの利用はエネルギー、特に②Outputに挙げる電気と熱としての直接利用を検討されてきた。将来のまちづくりでは、Outputをエネルギーとしての直接利用に加え、多目的に使い、陸上養殖[45]など高付加価値の特産品を生み出すことで、地域発の新たな収入源となり、地域全体を盛り上げることになる。また、現在実証や研究が盛んに行われている水素や蓄熱といった貯蔵技術は、地域の防災、BCP（Business Contiunity Plan）対策という視点でとらえることもできる。加えて、バイオマスの循環、

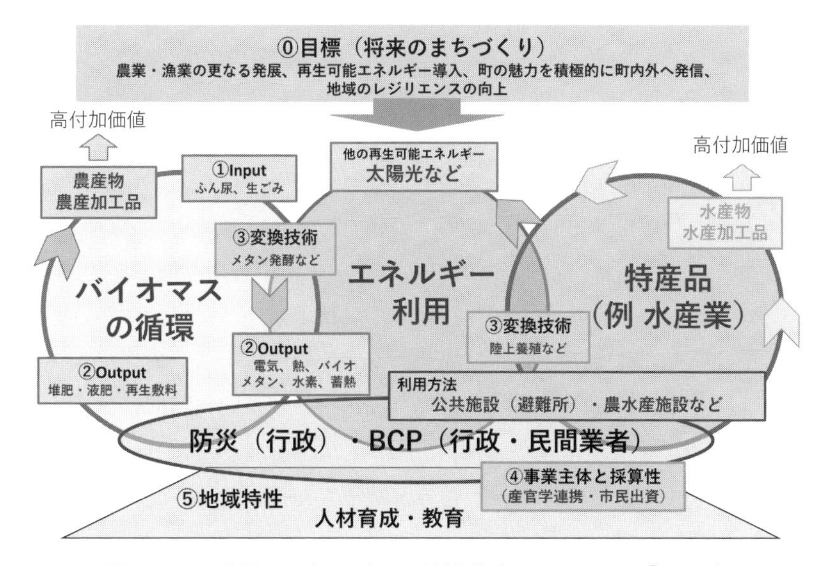

図1.4-3　循環＋エネルギー＋地域物産品＋BCPの『Win4』

エネルギー利用、特産品や防災といった地域にとって価値を見出すにあたり、幅広い視点と知見をもつ人材育成や教育といった面に、バイオマス利活用システム自体が貢献することもできる。このように、前述のバイオマスとエネルギーという視点を超えて、これまで見逃されてきたバイオマス利活用の価値「新たな価値」として気づくことで、循環の駆動力として機能する。

1.4.4　システム構築の手順と評価の考え方

図1.4-1に示したシステムズアプローチに沿ったシステム構築が望ましい。構築したシステムは、定期的に「当初目的の達成と課題の解決」「事業継続性」「新たな価値」の３つの視点で評価する必要がある。

・当初目的の達成と課題解決：目的⓪が相当する。事業計画当初に想定していた目的、目標あるいは課題解決に対しての到達度で評価する。
・事業継続性：バイオマス①、利用先②、変換技術③、事業主体④が持続的かどうか、すなわち経済的収支が成立するかが評価の視点となる。ただし、この収支は中長期的な視点に立つものも含む必要がある。
・地域へもたらす様々な効果：上記２つの視点に加え、バイオマス事業がもたらすさまざまな効果について評価する必要がある。バイオマスの利活用は、幅広いステークホルダーと中長期的な事業であり、コミュニティとの連携がなされなければ事業として成立することが難しいことは前述したとおりである。この多様なステークホルダーは、多様な視点と価値観をもたらし、中長期という時間は当初の価値観を社会変化に合わせて変化していく要素となる。したがって、バイオマス事業がもたらす価値や効果を「新たな価値」として都度、再評価していく必要がある。

1.5　バイオマスコミュニティプランニングの構築

1.5.1　ケーススタディとして検討する意味

本書でのケーススタディの目的は、**図1.4-1**に示したシステムズアプローチに基き、「科学的根拠に基いた一連のフィージビリティスタディを行い、中長期的視点にたったバイオマス利活用の形を示す」ことにある。

第２章、第３章のケーススタディの意義は２つあると考えている。一つ目は、ケーススタディの検討方法や流れが、読者が実践する際の助けとなる、という点である。各章ともシステムズアプローチを実際の自治体のいくつかの状況に合わせて実践している。したがって、どのような項目を検討したらよいか、どのような課題設定をしたらよいか、どのような手法で検討すべきか、というエビデンスを持ったケーススタディの実施方法の参考となる。

本書で、すべての自治体の状況を対象にケーススタディを行うわけにはいかないため、いくつかの代表的な地域を選び、その自治体の実情を可能な限り反映させたケーススタディを行った。読者には、ケーススタディとして対象とした地域条件と自分の地域との共通点を見つけ、本検討を参考にされたい。または相違点を見つけることにより、自分の地域がもつ課題解決の手がかりになるかもしれない。このように各章のケーススタディが読者自身の地域を見直す、計画するというきっかけとなることも意義の一つと考えている。

1.5.2　都市生活から排出されるバイオマスを中心としたコミュニティプランニング（第２章）

都市生活からは生ごみ、可燃ごみ、不燃ごみ、粗大ごみやプラスチック類などのいわゆる「ごみ」と呼ばれるものが排出される。しかもその排出形態（収集形態ともいえる）は様々である。さらに人口減少に伴いごみ量の減少が予想され、効率的なごみ処理のために処理の広域化・集約化が進められることになっている[46]。その際、これまで自治体間での処理・委託関係の在り方を再考せざる得なく、そして新たな処理の形を自治体の枠を超えたコミュニティで考える必要が出てくると考える。このように、一般廃棄物に代表される都市生活から排出されるバイオマスは、将来を見ると様々な要素を同時に考える必要がある。そこでこのケーススタディでは、一般廃棄物処理委託関係にある実際の２自治体に注視し、人口減少が予想される将来においてどのような廃棄物処理の形があるのかを提案し、事業採算性、環境への負荷、地域へもたらす新たな価値を評価した。

1.5.3　酪農・農業から排出されるバイオマスを中心としたコミュニティプランニング（第３章）

酪農業や畑作稲作などの耕種農業からは、比較的均質で大量のバイオマス資源が排出される。これらの有効活用が**図1.4-3**のような地域づくりの大きな駆動力となる。第３章では、いくつかの特色をもつ地域を対象としたケーススタディを行った。酪農業をもつ地域に対しては、バイオガスプラント（BGP）導入の効果を定量的に検証するとともに地域に対する波及効果（雇用や教育）について考察を行った。耕種農業をもつ地域に対して、稲わらをはじめとする賦存バイオマスの利活用での持続可能な街づくり、ゼロカーボンシティに向けた考え方を提示した。そして、BGPなどのバイオマス利活用を地域の計画としてこれから考える地域に対して、計画づくりの手順を示したうえで、実際にその手順に沿って行っている取り組みを紹介した。最後に、未来に向けた攻めのバイオマスとして資源作物ジャイアントミスカンサスを使った酪農地域の脱炭素化の検討を紹介している。

1.5.4　本書でのケーススタディの位置づけ

このケーススタディの目的は、**図1.4-1**に示したシステムズアプローチに基き、「科学的根拠に基いた一連のフィージビリティスタディを行い、中長期的視点にたったバイオマス利活用の形を示す」ことになる。

「生活系バイオマス」「農業系バイオマス」に分けて、ケーススタディを行った。**図1.5-1**に生活系バイオマス（第２章）と農業系バイオマス（第３章）を対象としたケーススタディの位置づけを示す。各ケーススタディは対象物の軸と時間軸で表現できる。

本書ではそれぞれのバイオマスを大きく**表1.5-1**のように定義した。**図1.5-1**に示すように、各章とも未来に向けて対象物バイオマスを広げた検討を行った。これは将来のバイオマス利活用のあるべき姿として、幅広いバイオマスを対象とするという意味が込められている。具体的に

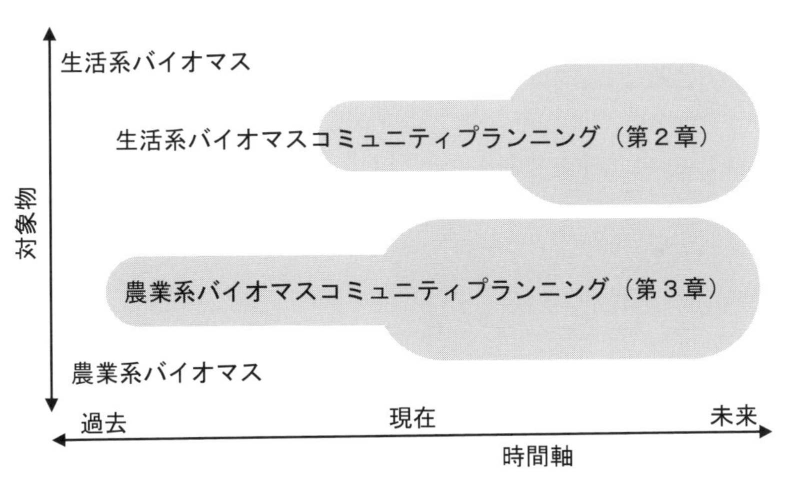

図1.5-1　第２章と第３章の位置づけ

表1.5-1　生活系バイオマスと農業系バイオマスの種類

生活系バイオマス（第２章）	生ごみ（可燃ごみの一部）、下水汚泥
農業系バイオマス（第３章）	家畜ふん尿、稲わら等の農業残渣、資源作物

は、第２章では既存の可燃ごみに加え、生ごみの分別回収や下水汚泥との連携、第３章では家畜ふん尿と生ごみなど別のバイオマスとの連携、あるいは資源作物の利用可能性の検討を行っている。

時間軸からみると、第２章は生活系バイオマスの利活用を現在から将来にかけて評価した。第３章では農業系バイオマスの利活用を現在、未来で評価し、さらに一部の検討（第２章）ではバイオマス利活用技術の導入そのものの効果を見るため、過去についても評価の範囲に含めた。

このように、本書で示すケーススタディでは、「フィージビリティスタディ（情報）によるエビデンス」はどういう形かを、検討を通して例として示している。このエビデンスに基いて、「どのように地域の様々なステークホルダーと協議の場を設けるか」、「どのように地域独自の事業として立ち上げ、熟成させていくのか」、というコミュニティを形成していく過程についてまで検討が至っていない。この点について、今後のバイオマスコミュニティプランニング分野の活動をとして、検討および実証していくつもりである。

第１章　参考文献

1）フリー百科事典「ウィキペディア（Wikipedia）」バイオマス、Wikipedia、閲覧日2021-07-22、https://ja.wikipedia.org/wiki/%E3%83%90%E3%82%A4%E3%82%AA%E3%83%9E%E3%82%B9
2）農林水産局食料産業局：バイオマスの活用をめぐる状況, 2021, https://www.maff.go.jp/j/shokusan/biomass/attach/pdf/index-110.pdf（2021.7.31アクセス）
3）日本経済新聞電子版, 2021.7.31, 閲覧日2021.7.31、https://www.nikkei.com/article/DGXZQOGR10EQB0Q1A210C2000000/
4）前田雄大：バイオマス発電を再生可能エネルギーとは認めない？ EUの動きの裏にあるねらいとは, EnergyShift, 2021.6.23、閲覧日2021.7.31、https://energy-shift.com/news/f6e1b0ae-dca9-4598-a367-9fab62659de6
5）山崎亮：縮充する日本 「参加」が創り出す人口減少社会の希望, PHP新書, 2016
6）佐藤剛、古市徹、谷川昇、石井一英：生ごみ分別収集による生ごみ発生・排出抑制の効果と要因の検討、第20回廃棄物資源循環学会研究発表会講演論文集, pp.17-18, 2009
7）山崎亮：コミュニティデザインの時代　自分たちで「まち」をつくる, 中公新書, 2012
8）Rockström, J., W. Steffen, K. Noone, Å. Persson, et.al. 2009. Planetary boundaries: exploring the safe operating space for humanity. Ecology and Society 14（2）: 32、閲覧日2021.7.31
9）UNEP: Reactive Nitrogen in the Environment, Too much or too little of a good thing、閲覧日2021.7.31、https://wedocs.unep.org/bitstream/handle/20.500.11822/7761/Reactive_Nitrogen.pdf?sequence=3&isAllowed=y
10）クリストフ・ボヌイユ、ジャン=バティスト・フレソズ著、野坂しおり訳: 人新世とは何か, 青土社, 2018
11）IEA: Net Zero by 2050, A roadmap for the global energy sector, 2021
12）環境省:環境白書令和3年度版, 2021
13）白土 晴久: 炭素税、排出権取引などカーボンプライシングの動向と企業の対応ポイント, 2021.7.12、閲覧日2021.7.31、https://www.pwc.com/jp/ja/knowledge/journal/keirijouhou2021-06.html
14）環境省HP、閲覧日2021.7.31、https://www.env.go.jp/policy/tax/about.html#sec02
15）The World Bank: https://carbonpricingdashboard.worldbank.org/
16）https://www.kankyo.metro.tokyo.lg.jp/climate/large_scale/trade/#cmssetsumeishiryo、閲覧日2021.7.31
17）日本エネルギー経済研究所：国境炭素調整措置の最新動向の整理, 閲覧日2021.7.31、https://www.meti.go.jp/shingikai/energy_environment/carbon_neutral_jitsugen/pdf/001_02_00.pdf
18）日本経済新聞電子版, 2021.6.16、閲覧日2021.7.31、https://www.nikkei.com/article/DGXZQOGR15E7H0V10C21A6000000/
19）環境省HP：閲覧日2021.7.31、https://www.env.go.jp/guide/info/21c_ens/
20）国・地方脱炭素実現会議：地域脱炭素ロードマップ、閲覧日2021.7.31、https://

www.cas.go.jp/jp/seisaku/datsutanso/pdf/20210609_chiiki_roadmap.pdf
21）資源エネルギー庁：エネルギー基本計画（素案）の概要、閲覧日2021.7.31、https://www.enecho.meti.go.jp/committee/council/basic_policy_subcommittee/2021/046/046_004.pdf
22）環境省：第五次環境基本計画、閲覧日2021.7.31、https://www.env.go.jp/policy/kihon_keikaku/
23）環境省：日本の廃棄物処理の歴史と現状、閲覧日2021.7.31 https://www.env.go.jp/recycle/circul/venous_industry/ja/history.pdf
24）農林水産省食料産業局：バイオマスの活用をめぐる状況, 2021
25）国土交通省HP、閲覧日2021.7.31、https://www.mlit.go.jp/mizukokudo/sewerage/crd_sewerage_tk_000124.html
26）農水省HP、閲覧日2021.7.31、https://www.maff.go.jp/j/chikusan/kankyo/taisaku/t_mondai/03_about/
27）資源エネルギー庁HP、閲覧日2021.7.31 https://www.enecho.meti.go.jp/category/saving_and_new/saiene/kaitori/fit_legal.html
28）北海道：北海道環境基本計画[第2次計画]改定版に基づく施策の進捗状況の点検・評価結果, 2020、閲覧日2021.7.31、https://www.pref.hokkaido.lg.jp/ks/ksk/kihonkeikaku.html
29）国土交通省HP、閲覧日2021.7.31、https://www.mlit.go.jp/mizukokudo/sewerage/mizukokudo_sewerage_tk_000307.html
30）国土交通省HP、閲覧日2021.7.31、https://www.mlit.go.jp/mizukokudo/sewerage/mizukokudo_sewerage_tk_000510.html
31）国土交通省HP、閲覧日2021.7.31、https://www.mlit.go.jp/mizukokudo/sewerage/mizukokudo_sewerage_tk_000450.html
32）国土交通省：下水道事業の広域化・共同化について、閲覧日2021.7.31、https://www.mlit.go.jp/common/001228040.pdf
33）農林水産省HP、閲覧日2021.7.31、https://www.maff.go.jp/j/shokusan/recycle/syoku_loss/161227_6.html
34）食品リサイクルについて、閲覧日2021.7.31、https://www.maff.go.jp/j/shokusan/recycle/syoku_loss/attach/pdf/161227_4-183.pdf
35）南幌町HP、閲覧日2021.7.31、https://www.town.nanporo.hokkaido.jp/about/policy/energy/
36）Ryosuke Kizuka, Kazuei Ishii, Masahiro Sato, Atsushi Fujiyama: Characteristics of wood pelletss mixed with torrefied rice straw as a biomass fuel, International Journal of Energy and Environmental Engineering, 10, 357-365, 2019
37）Ryosuke Kizuka, Kazuei Ishii, Satoru Ochiai, Masahiro Sato, Atsushi Yamada, Kouei Nishimiya; Improvement of Biomass Fuel Properties for Rice Straw Pellets Using Torrefaction and Mixing with Wood Chips, Waste and Biomass Valorization, 12, pages3417–3429，2021

38）副島敬道、山本哲史、斎藤祐二、屋祢下亮、五十嵐正：稲わらからのバイオエタノール製造技術開発, 大成建設技術センター報. 43, 2010、閲覧日2021.7.31、https://www.taisei.co.jp/giken/report/2010_43/paper/A043_051.pdf
39）林野庁：木質バイオマスのエネルギー利用の現状と今後の展開について, 2020、閲覧　日2021.7.31、https://www.meti.go.jp/shingikai/energy_environment/biomass_hatsuden/pdf/001_03_00.pdf
40）資源エネルギー庁：持続可能な木質バイオマス発電について、2020、閲覧日2021.7.31、https://www.meti.go.jp/shingikai/energy_environment/biomass_hatsuden/pdf/001_02_00.pdf
41）古市徹、石井一英：エネルギーとバイオマス～地域システムのパイオニア～、2018、環境新聞社
42）日本経済新聞：2020.7.15記事、閲覧日2021.7.31、https://www.nikkei.com/article/DGXMZO61537290V10C20A7L41000/、(2021.7.31アクセス)
43）環境省　地域連携・低炭素水素技術実証事業：家畜ふん尿由来水素を活用した水素サプライチェーン実証事業、閲覧日2021.7.31、http://www.env.go.jp/seisaku/list/ondanka_saisei/lowcarbon-h2-sc/demonstration-business/PDF/demonstration_detail_02_202105.pdf
44）古市徹、石井一英：エコセーフなバイオエネルギー－産官学連携事業の実際－、2015、環境新聞社
45）鹿追町HP:バイオガスプラントからの余剰熱を活用した事業について、閲覧日2021.7.31、https://www.town.shikaoi.lg.jp/work/biogasplant/yojonetsu/、
46）環境省：持続可能な適正処理の確保に向けたごみ処理の広域化及びごみ処理施設の集約化について、閲覧日2021.7.31、http://www.env.go.jp/recycle/040109.pdf

第2章　生活系バイオマスコミュニティプランニング

2.1　社会情勢を踏まえた一般廃棄物管理の課題

2.1.1　顕在化しつつある地域の一般廃棄物管理の課題

日本全体の少子高齢化や人口減少に加え、都市部への人口集中、地方の過疎化といった人の偏在が、あらゆる地域で予想または顕在化している。このような変化は一般廃棄物管理にも影響を与える。地域の人口減少は、ごみ排出量を減らし、これまでの収集範囲ではごみ量が確保できず、焼却炉稼働率が低下する可能性がある。さらに財源の減少により、さらに焼却施設の維持が困難になる。加えて、高齢化により、分別協力が困難になる世帯が多くなることが予想され、分別なしで排出した廃棄物に対しても適正に処理できるシステムが求められている。

2.1.2　一般廃棄物処理の広域化・集約化

1997年にごみ処理に伴うダイオキシン類の排出削減を主な目的として都道府県において、広域化計画が策定された。それから20年、2019年には上記のような課題解決と将来にわたって廃棄物の適正な処理を確保するために、「廃棄物の広域的な処理、廃棄物処理施設の集約化」を図った中長期的な視点での計画策定が求められている。広域化・集約化処理は、施設整備や処理にかかる費用の効率化や処理にかかわる人材の確保、技術の継承、気候変動の観点からは施設の省エネルギー化や廃棄物由来の熱や電気の活用（それに付随する地域への新たな価値の創出）といった点で有効であるとされている。

一方で、広域化・集約化を計画する上で様々な考慮しなければならない点がある。一つは、合意形成である。自治体同士が協力し合意を得て初めて広域化・集約化が実現されることから、足並みをそろえるための十分な議論が必要になる。広域化・集約化計画策定には、現状稼働中の処理施設の稼働年数や更新のタイミングに合わせて議論されるケースが多いが、現実問題としては各自治体でそのタイミングに時間的ずれがある。したがって、中長期的視点にたって、広域化・集約化を計画する必要がある。

一つは、合理的な広域化・集約化の見える化である。どのような広域化・集約化の形が考えられるのかを将来を予測しモデル化（見える化）することで、現実的な議論や自治体間の合意形成に展開していく。合理的とは、様々な角度からみることができ、例えば、経済性、環境影響、エネルギー獲得などを合理性の評価軸とすることができる。合理性の評価軸により、広域化範囲や導入処理技術選定、導入場所選定も変わってくる。当然、各自治体の地理的、人口、財源といった諸条件からくる、運搬距離、収集排出量、導入可能技術という制約条件も考慮に入れる必要があるが、合理的な広域化・集約化のモデルをいくつかの評価軸で作ることが、計画策定に有用であると考えられる。

2.2　全体システムの評価手法

2.2.1　既往の評価手法と本研究での評価手法の位置づけ

これまで焼却処理施設に対し、焼却施設搬入ごみ中の生ごみ分や施設自治体の下水処理場の下水汚泥を原料とするBGP導入のフィージビリティスタディを行ってきた[1)]。

本研究では、廃棄物の広域化・集約化処理を念頭に置き、将来起こりうる人口減少に伴う廃棄物量の減少を考慮に入れた合理的な処理システムを考えることに主眼をおいた。例えば、これまで他自治体や組合に処理委託をしてきた自治体が、焼却施設の更新が必要な時期を迎えたことを契機に、財政的観点から委託処理量を削減したり、BGP導入により地域内資源の地産地消を図ることが予想される。その際、計画立案の上で参考となる処理システムの提案をめざす。また検討では、BGP導入により生じる価値として、廃棄物処理で得られるエネルギー（電気、熱など）

が地域へどのような形で還元できるかも含めた。

2.2.2　評価手順

まず対象地域の人口動態より､評価する時点でのごみ発生量（賦存量）を推計する。次に、現状処理システムを参考に、将来の廃棄物処理システムを作成し､マテリアルフローを試算する｡各処理プロセスのインプットとアウトプットから、各処理プロセスにおける費用、環境負荷（GHG排出量）を算出する。最後に、各処理プロセスを統合し、全体システムとしての事業収支、資源循環、再生エネルギー代替量、環境負荷を評価するとともに、検討したシステムが地域社会に与える効果（価値）の視点を提案する。

2.3　モデル地域でのケーススタディ

2.3.1　モデル地域の現状

（1）　現状のモデル地域の廃棄物処理システム

モデル地域としてＡ町（15,000人程度）とＢ市（59,000人程度）の隣接する二つの自治体を選定した。Ａ町は焼却処理設を有せず、Ｂ市にある焼却処理場へ処理委託をしている。Ｂ市焼却施設は180ｔ/日（90ｔ/日×2基）の処理能力を備えている。Ｂ市は民間企業と施設維持管理包括契約を数年後まで結んでおり、その後の契約延長について議論されている。また施設自体は竣工から27年経過している。Ａ町とＢ市の一般廃棄物の処理フローを**図2.3-1**に示す。

（2）モデル地域の庁舎の現状把握

今回のモデル地域は河川の氾濫による洪水災害が多いため、避難施設計画が充実している。また、再エネに関しても積極的に取り組みをしているが、発電量は大きくない。

一方、モデル地域の役場庁舎は、築年数が40年以上を経過している。

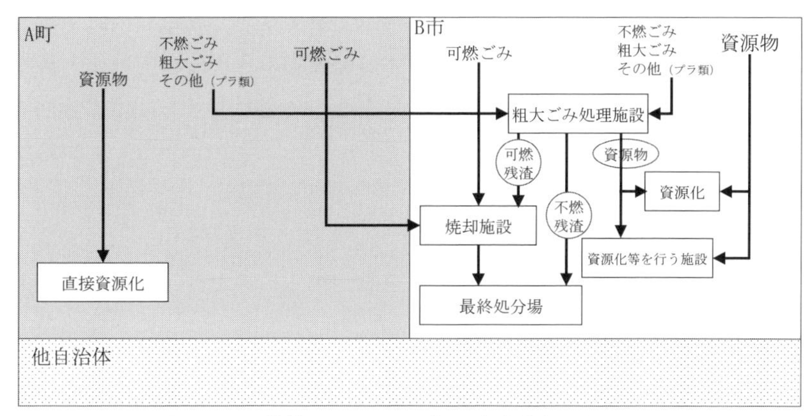

図2.3-1　現状のA町とB市の廃棄物処理フロー

1981年に耐震基準が改定され、それ以前の建物は旧耐震の建築物、以降の建物を新耐震の建築物と称されている。つまり、築40年以上の建築物は旧耐震の建築物であり、耐震補強か建替えが検討する必要がある。このことより、今回のモデル地域の役場庁舎についても、以前より耐震性能が不足していることが懸念されており、現在建て替えを検討している。

そこで、役場庁舎の建て替えに関して、災害復旧拠点になることも合わせた、レジリエンス強化型ZEB技術を導入した新たな役場庁舎を建設した場合を想定し、そこに隣接した形でバイオガスプラントを建設したモデルを想定する事とした。

2.3.2　ケーススタディの目的

多くの自治体で廃棄物の広域化・集約化処理が進められることになるが、どのような形が望ましいのかは、各自治体のその時点で置かれる状況により判断が大きく異なることが予想される。したがって、画一的な廃棄物処理システムではなく、様々な視点でシステムを組む必要がある。

そこで、ケーススタディでは、B市の焼却施設更新時期を迎える時点を評価時点とし、A町とB市の排出量を予測し、両町をまたぐ廃棄物処理システムの在り方を、いくつかの視点でシナリオを設定し検討することとした。本ケーススタディが自治体の廃棄物の合理的な広域化・集約化処理システムを考える上での参考になることを目的とした。

2.3.3　検討ケースと処理プロセス

（1）　検討ケース設定の前提条件

シナリオ設定の前提条件シナリオを設定するにあたり、下記の前提条件を設けた。

【シナリオ設定の前提条件】
・生ごみなど水分を多く含むバイオマスはできるだけ自地域内処理を行う
・上記バイオマスを除いた可燃ごみは，できるだけ広域処理をする
・バイオマスをできる限り資源として利用する処理技術を採用する

地域内で発生した生ごみなどのバイオマス資源を地域内で循環させ、同時に輸送コストの削減の効果が期待できる。さらに水分の少ない可燃ごみは、保管・圧縮が容易になり輸送頻度を下げることができる。加えて、焼却処理施設へ搬入されるごみの保有熱量の向上が期待される。

（2）　ケーススタディの設定

ケーススタディを実施するにあたり、将来のＡ町とＢ市が採りうるケースを5つ設定した（**表2.3-1**）。

表2.3-1　各ケース設定の特徴

ケース	特　　　　徴
①　現状ケース	
	現状通り，可燃ごみ（生ごみ分別なし）を収集し，B市へ委託処理を継続する
②　広域ケース	
	可燃ごみ（生ごみ分別なし）を収集し，B市に中継施設を設け，広域処理（他自治体）する
③　生ごみ分別庁舎連携ケース	
	生ごみを分別し，A町下水処理場近接に新設されたBGPで処理し，エネルギーを下水処理場及びA町内で利用する 生ごみ分別後の可燃ごみは広域焼却処理（他自治体）する
④　生ごみ分別下水連携ケース	
	生ごみの分別回収がプラスされる BGPによる地域内処理し，エネルギーはB町下水処理場と町内で利用する．可燃ごみは広域処理する
⑤　機械選別下水連携ケース	
	一括回収（現状のまま） 「生ごみ分別下水連携ケース」に機械選別を導入し，「広域ケース」と同様の回収をする

それぞれのケースの詳細を**表2.3-2**～**表2.3-6**に示す。

表2.3-2　現状ケース

A町	B市
B市へ処理委託を継続	焼却施設の更新
処理フローは**図2.3-1**と同じ	

表2.3-3　広域ケース

A町	B市
B市へ処理委託を継続	中継施設設置 他自治体で焼却処理委託

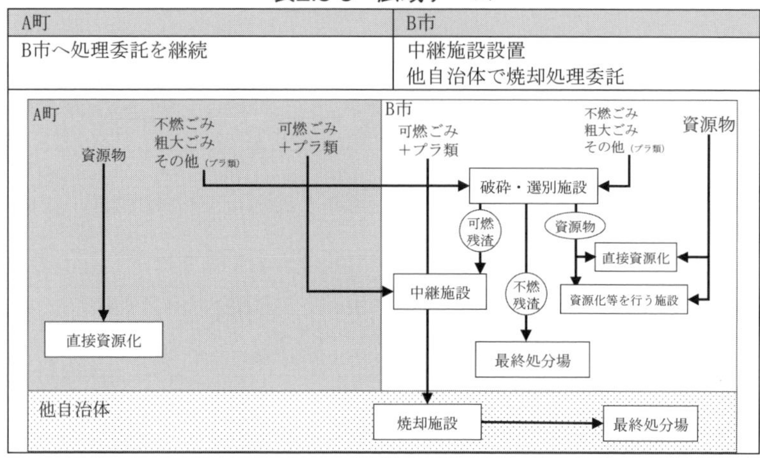

表2.3-4　生ごみ分別庁舎連携ケース

A町	B市
B市への処理委託を終了 生ごみ分別実施 A町下水処理場にBGPを併設 下水汚泥をBGPで利用 BGP副産物の地域利用 他自治体で焼却処理委託	中継施設設置 他自治体で焼却処理委託

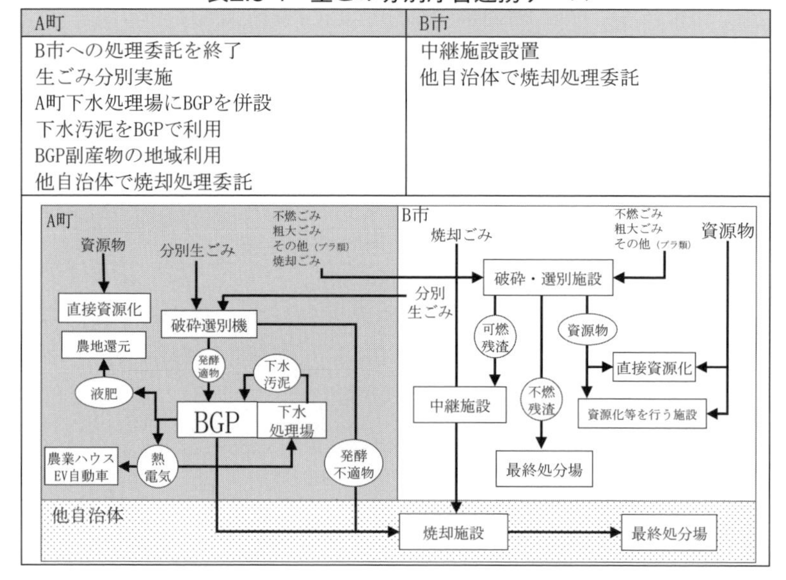

表2.3-5　生ごみ分別下水連携ケース

A町	B市
B市への処理委託を終了 生ごみ分別実施 A町下水処理場にBGPを併設 下水汚泥をBGPで利用 BGP副産物の地域利用 他自治体で焼却処理委託	中継施設設置 他自治体で焼却処理委託

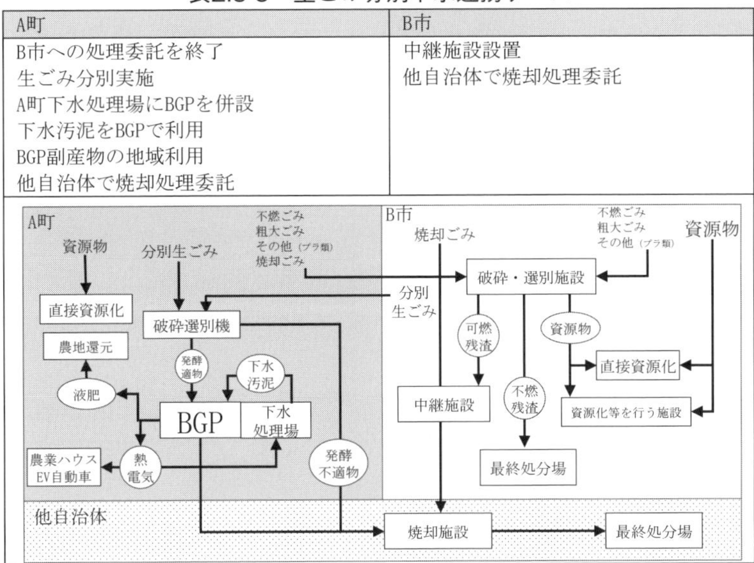

表2.3-6　機械選別下水連携ケース

A町	B市
B市への処理委託を終了 機械選別導入 A町下水処理場にBGPを併設 下水汚泥をBGPで利用 BGP副産物の地域利用 他自治体で焼却処理委託	機械選別導入 発酵適物をA町BGPで処理 他自治体で焼却処理委託

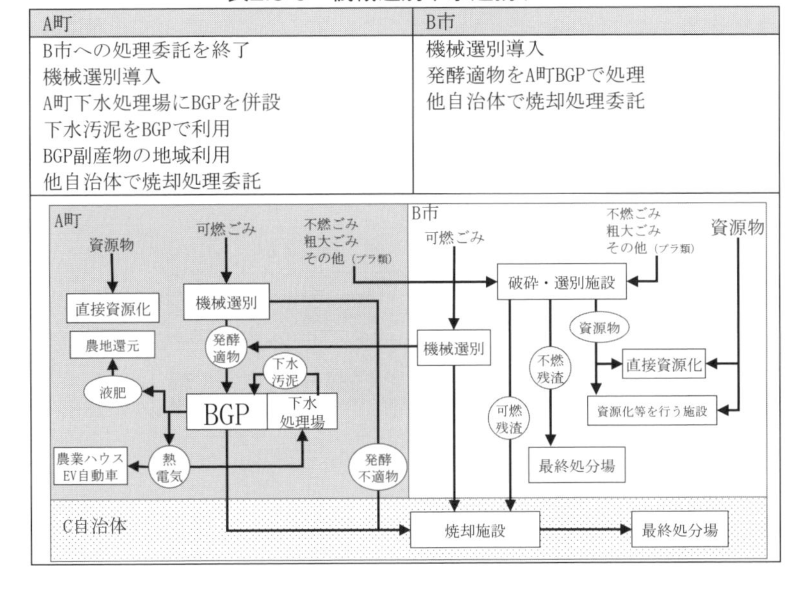

（3） 各ケースの対象バイオマス

表2.3-7に各ケースで対象としてバイオマスと機械選別設置場所を示す。

表2.3-7 各ケースの対象バイオマスと機械選別箇所

ケース	BGP処理対象物					機械選別（発酵適物ピット）設置場所		
	生ごみ*		可燃ごみ*		下水汚泥			
	A町	B市	A町	B市	A町	A町	B市	BGP
生ごみ分別 庁舎連携	○	○						○
生ごみ分別 下水連携	○	○			○			○
機械選別 下水連携			○	○	○	○	○	○

* 家庭系と事業系の両方を含む

（4） 処理プロセス

① 機械選別設備

機械選別のフローをメーカーヒアリングにより作成した。**図2.3-2**、**図2.3-3**に生ごみの選別フロー、可燃ごみの選別フローを示す。生ごみ選別時の破袋破砕選別工程では、選別機に自動加水設備を具備しており、

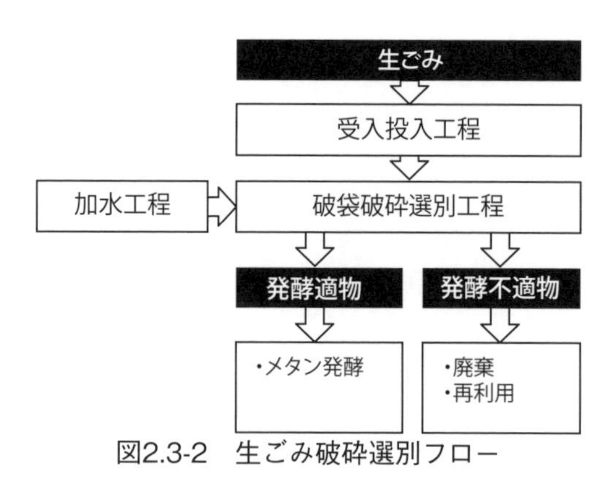

図2.3-2 生ごみ破砕選別フロー

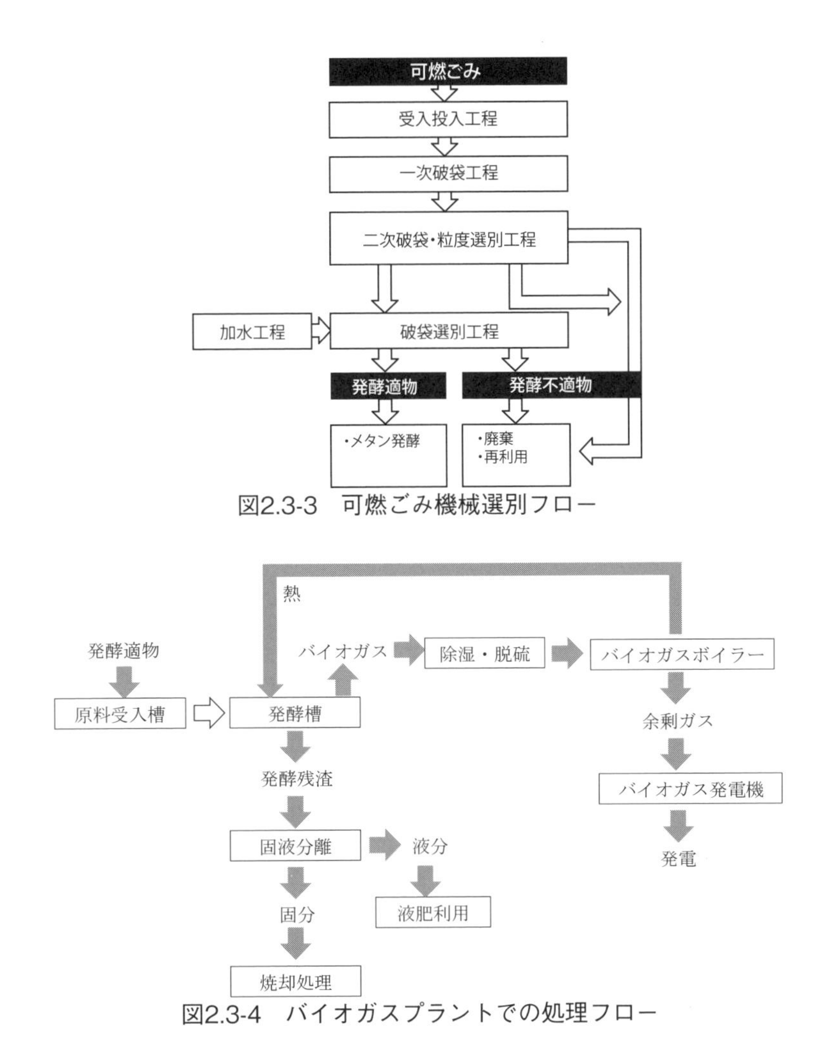

図2.3-3　可燃ごみ機械選別フロー

図2.3-4　バイオガスプラントでの処理フロー

負荷上昇を検知した際に自動で加水する仕組みを採用している。可燃ごみ選別の場合、生ごみ選別時の機器構成に加え、一次破袋工程、二次破袋・粒度選別工程を付加している。これは破砕分別工程でのトラブルの要因になる布類を除去するためである。

② バイオガスプラント（BGP）

図2.3-4に本検討で想定しているバイオガスプラントのフローを示す。メタン発酵で発生したバイオガスは発酵槽加温に必要な熱量をバイオガスボイラーで燃焼され、残りの余剰ガスをバイオガス発電機で発電するものとした。

2.3.4 評価軸と計算方法

（1） 時間軸と評価軸

評価の時点を15年先の2033年を評価年度と設定した。評価項目は「経済性」、「環境影響」、「新たな価値」の3つとした。

（2） 将来人口および発生量等の試算方法

モデル地域A、モデル地域Bにおける将来人口やごみ量の将来推計は、2011年度～2018年度を実績年度とし、翌年から15年先の2033年度を評価年度として算出した。

なお、それぞれの実績値は、ホームページ上で公表された「一般廃棄物（ごみ）処理基本計画」等の情報、並びに環境省「一般廃棄物処理実態調査結果」により得られるデータを基本とし、最終的にはモデル地域に確認を行った。

1）人口の将来推計

人口の将来推計は、各モデル地域で推計されている状況を踏まえ、トレンド推計法※を加えて比較し、実績人口の傾向を勘案して設定した。

2）ごみの種類とごみ排出量の将来推計

各モデル地域のごみ量の推計にあたっては、ごみの種類と本書での整

※ トレンド推計法とは、過去の実績を時系列的にならべ、その変化する状況が時間軸に対して一定の規則性を持っているとの仮定のもとに、理論的傾向線を当てはめて式をつくり、将来もその傾向が続くものと仮定して将来性を予測する方法である。

理を踏まえ、**表2.3-8**及び**表2.3-9**に示すように、ごみの種類を設定し、排出量の将来推計算定方法の欄に示す方法にて推計した。なお、本書ではごみ処理基本計画で設定するようなごみ減量等の施策は含めていない。

表2.3-8　A町のごみの種類と排出量の将来推計方法

<table>
<tr><th colspan="2">収集形態</th><th>ごみの種類</th><th colspan="4">排出量等の算定方法</th></tr>
<tr><td rowspan="12">家庭系</td><td rowspan="8">自治体収集（委託）</td><td>燃やせるごみ</td><td rowspan="4">(1)総和による一人一日排出量原単位の算定</td><td rowspan="4">(2)計画収集人口の将来推計</td><td rowspan="4">(3)将来排出量の算定</td><td rowspan="4">(4)種類別排出量＝(3)×実績排出量の平均値の割合</td></tr>
<tr><td>燃えないごみ *</td></tr>
<tr><td>燃やせないごみ</td></tr>
<tr><td>粗大ごみ</td></tr>
<tr><td>資源物① **</td><td rowspan="2">(1)一人一日排出量原単位の算定</td><td rowspan="2">(2)計画収集人口の将来推計</td><td rowspan="2">(3)将来排出量の算定</td><td rowspan="2">(4)種類別排出量＝(3)×実績排出量の平均値の割合</td></tr>
<tr><td>資源物② ***</td></tr>
<tr><td>リサイクル ****</td><td colspan="4">品目別実績排出量の平均の総和が継続</td></tr>
<tr><td>集団回収資源</td><td colspan="4">品目別実績排出量の平均の総和が継続</td></tr>
<tr><td rowspan="4">自己搬入</td><td>燃やせるごみ</td><td colspan="4" rowspan="4">種類別実績排出量の平均が継続</td></tr>
<tr><td>燃えないごみ</td></tr>
<tr><td>燃やせないごみ</td></tr>
<tr><td>粗大ごみ</td></tr>
<tr><td rowspan="8">事業系</td><td>許可業者</td><td>燃やせるごみ</td><td colspan="4" rowspan="4">種類別実績排出量の平均が継続</td></tr>
<tr><td>収集</td><td>燃えないごみ</td></tr>
<tr><td></td><td>燃やせないごみ</td></tr>
<tr><td></td><td>粗大ごみ</td></tr>
<tr><td rowspan="4">自己搬入</td><td>燃やせるごみ</td><td colspan="4" rowspan="4">種類別実績排出量の平均が継続</td></tr>
<tr><td>燃えないごみ</td></tr>
<tr><td>燃やせないごみ</td></tr>
<tr><td>粗大ごみ</td></tr>
<tr><td>産廃</td><td>自治体が業者委託</td><td>下水汚泥</td><td>(1)一人一日排出量原単位の算定</td><td>(2)計画収集人口の将来推計</td><td colspan="2">(3)将来排出量の算定</td></tr>
</table>

* 危険ごみ，スプレー缶類を含む
** アルミ缶，スチール缶，ビン，ペットボトル
*** 新聞紙，雑誌類，段ボール類，紙パック類
**** 拠点回収：繊維，毛布，使用済み天ぷら油，使用済みインクカートリッジ，小型家電
注）人口：家庭系は「ごみ計画収集人口」（＝当該地域の人口），下水では「下水道計画収集人口」の予測がごみ計画収集人口を上回るため，同人口を採用した．

表2.3-9　B市のごみの種類と排出量の将来推計方法

<table>
<tr><th colspan="2">収集形態</th><th>ごみの種類</th><th colspan="4">排出量等の算定方法</th></tr>
<tr><td rowspan="13">家庭系</td><td rowspan="9">自治体収集（委託）</td><td>燃やせるごみ</td><td rowspan="4">(1)総和による一人一日排出量原単位の算定</td><td rowspan="4">(2)計画収集人口の将来推計</td><td rowspan="4">(3)将来排出量の算定</td><td rowspan="4">(4)種類別排出量＝(3)×実績排出量の平均値の割合</td></tr>
<tr><td>燃えないごみ</td></tr>
<tr><td>燃やせないごみ</td></tr>
<tr><td>粗大ごみ</td></tr>
<tr><td>資源物 *</td><td rowspan="3">(1)一人一日排出量原単位の算定</td><td rowspan="3">(2)計画収集人口の将来推計</td><td colspan="2" rowspan="3">(3)将来排出量の算定</td></tr>
<tr><td>ミックスペーパー</td></tr>
<tr><td>集団回収資源</td></tr>
<tr><td>リサイクル① **</td><td colspan="4" rowspan="2">実績排出量の平均が継続</td></tr>
<tr><td>リサイクル② ***</td></tr>
<tr><td rowspan="4">自己搬入</td><td>燃やせるごみ</td><td colspan="4" rowspan="4">種類別実績排出量の平均が継続</td></tr>
<tr><td>燃えないごみ</td></tr>
<tr><td>燃やせないごみ</td></tr>
<tr><td>粗大ごみ</td></tr>
<tr><td rowspan="10">事業系</td><td rowspan="5">許可業者収集</td><td>燃やせるごみ</td><td colspan="4" rowspan="4">種類別実績排出量の平均が継続</td></tr>
<tr><td>燃えないごみ</td></tr>
<tr><td>燃やせないごみ</td></tr>
<tr><td>粗大ごみ</td></tr>
<tr><td>資源物 *</td><td colspan="4">実績排出量の平均が継続</td></tr>
<tr><td rowspan="5">自己搬入</td><td>燃やせるごみ</td><td colspan="4" rowspan="4">種類別実績排出量の平均が継続</td></tr>
<tr><td>燃えないごみ</td></tr>
<tr><td>燃やせないごみ</td></tr>
<tr><td>粗大ごみ</td></tr>
<tr><td>資源物 *</td><td colspan="4">実績排出量の平均が継続</td></tr>
</table>

* アルミ缶・スチール缶・ビン・ペットボトル
** 剪定した木の枝，草花，落ち葉
*** 古着・古布，電池，廃食用油，紙パック，小型家電，インクカートリッジ

3）ごみ排出量の推計結果

各モデル地域のごみ排出量の推計結果を**表2.3-10**及び**表2.3-11**に示す。

表2.3-10　A町の評価年度における推定排出量

収集形態		ごみの種類	単位	推定排出量（評価年度）
家庭系	自治体収集（委託）	燃やせるごみ	t/年	1,280
		燃えないごみ*	t/年	91
		燃やせないごみ	t/年	199
		粗大ごみ	t/年	40
		資源物①**	t/年	45
		資源物②***	t/年	75
		リサイクル****	t/年	54
		集団回収資源	t/年	490
	自己搬入	燃やせるごみ	t/年	37
		燃えないごみ	t/年	5
		燃やせないごみ	t/年	8
		粗大ごみ	t/年	130
事業系	許可業者収集	燃やせるごみ	t/年	634
		燃えないごみ	t/年	33
		燃やせないごみ	t/年	37
		粗大ごみ	t/年	6
	自己搬入	燃やせるごみ	t/年	199
		燃えないごみ	t/年	8
		燃やせないごみ	t/年	15
		粗大ごみ	t/年	4
産廃	自治体が業者委託	下水汚泥	m^3/年	14,685

* 危険ごみ，スプレー缶類を含む
** アルミ缶，スチール缶，ビン，ペットボトル
*** 新聞紙，雑誌類，段ボール類，紙パック類
**** 拠点回収：繊維，毛布，使用済み天ぷら油，使用済みインクカートリッジ，小型家電

表2.3-11　B市の評価年度における推定排出量

収集形態		ごみの種類	単位	推定排出量（評価年度）
家庭系	自治体収集（委託）	燃やせるごみ	t/年	6,128
		燃えないごみ	t/年	292
		燃やせないごみ	t/年	790
		粗大ごみ	t/年	109
		資源物*	t/年	657
		ミックスペーパー	t/年	193
		集団回収資源	t/年	734
		リサイクル①**	t/年	930
		リサイクル②***	t/年	70
	自己搬入	燃やせるごみ	t/年	136
		燃えないごみ	t/年	15
		燃やせないごみ	t/年	34
		粗大ごみ	t/年	445
事業系	許可業者収集	燃やせるごみ	t/年	3,752
		燃えないごみ	t/年	25
		燃やせないごみ	t/年	33
		粗大ごみ	t/年	122
		資源物*	t/年	4
	自己搬入	燃やせるごみ	t/年	370
		燃えないごみ	t/年	116
		燃やせないごみ	t/年	66
		粗大ごみ	t/年	47
		資源物*	t/年	8

* アルミ缶・スチール缶・ビン・ペットボトル
** 剪定した木の枝，草花，落ち葉
*** 古着・古布，電池，廃食用油，紙パック，小型家電，インクカートリッジ

4）廃棄物系バイオマスの賦存量の算定に係るごみ組成

廃棄物系バイオマスの賦存量は、前項で算出した目標年度の家庭系及び事業系ごみ排出量に、各ごみ組成割合を乗じて算定した。家庭系ごみと事業系ごみの組成を**表2.3-12**に示す。

表2.3-12　家庭系ごみおよび事業系ごみの組成割合

家庭系ごみの組成割合

組成分類	重量比	組成	分類
食品廃棄物(生ごみ)	30.4%	30.4%	生ごみ
雑誌	6.7%	33.8%	紙類
新聞紙	2.4%		
段ボール	2.9%		
紙パック	0.4%		
紙製容器包装	2.9%		
その他紙	18.5%		
木・竹・草	5.8%	5.8%	木・草
繊維	3.3%	3.3%	衣類・布類
ゴム・皮革類	1.0%	1.0%	皮革・ゴム類
ペットボトル	1.6%	25.7%	その他
プラスチック製容器包装	7.7%		
廃プラスチック	1.8%		
金属	4.7%		
ガラス	3.8%		
その他	6.1%		
合　計	100.0%	100.0%	

出典：環境省,「容器包装廃棄物の使用・排出実態調査の概要（平成29年度）より作成

事業系ごみの組成割合

組成分類	重量比		分類
食品廃棄物(生ごみ)	38.5%	38.5%	生ごみ
古紙	5.8%	39.0%	紙
紙製容器包装	4.6%		
おむつ	2.1%		
紙製品(容器包装以外)	11.1%		
その他紙くず	15.4%		
木・竹・草	2.1%	2.1%	木・草
繊維	3.8%	3.8%	衣類・布類
ゴム・皮革類		0.0%	皮革·ゴム類
ペットボトル		16.6%	その他
プラスチック製容器包装	4.5%		
廃プラスチック	3.6%		
金属	0.6%		
ガラス			
その他	7.9%		
合　計	100.0%	100.0%	

出典：B市ごみ調査結果（2018年2月）より

（3）　試算項目・設定根拠・計算方法

1）　収集・搬入量、残渣量、ガス量、余剰ガス量、発電量

①　各ケースへの収集・搬入量

表2.3-13に機械選別施設受入量を示す。なお、生ごみ分別庁舎連携ケース、生ごみ分別下水連携ケースの受入量は下記の式により求めた。ここで、生ごみ組成は**表2.3-12**より30.4 %、住民分別率注）はメーカーヒアリングの結果50%とした。

生ごみ受入量=可燃ごみ量×生ごみ組成×住民分別率

注）可燃ごみに含まれる生ごみを住民がどの程度分別・排出するか示した割合

表2.3-13　機械選別施設受入量

受入重量*（ton/年）	生ごみ分別 庁舎連携ケース	生ごみ分別 下水連携ケース	機械選別 下水連携ケース
家庭系	1,210	1,210	7,581
事業系	1,001	1,001	4,955

* 2.3.5(1)収集運搬より算出

表2.3-14　各ケースにおける発酵適物と発酵不適物量

重量（ton/年）	生ごみ分別 庁舎連携ケース	生ごみ分別 下水連携ケース	機械選別 下水連携ケース
年間受入量*	2,211	2,211	12,536
機械選別時加水**	265	265	313
発酵適物**	1,726	1,726	8,823
発酵不適物**	750	750	4,026

* 2.3.5(1)収集運搬より，** メーカーヒアリングより

表2.3-14に各ケースにおける発酵適物と発酵不適物の量を示す。加水量、選別割合はメーカーヒアリングにより算出した。

②　バイオガスプラント設計諸条件

本検討におけるメタン発酵処理は、いわゆる中温発酵（38℃）、湿式方式を採用とし、消化液の殺菌は55℃×7.5時間以上[2]とした。また、原料槽および殺菌槽は埋設、発酵槽は全高の半分の埋設とし、全ての槽をRC造と設定した。

a）施設規模の設定

前項までに試算したメタン発酵処理へ供する発酵適物であるが、メタン発酵処理を含む生物処理においては、安定的に運転・処理させることが重要である。そこで、メタン発酵処理に供する発酵適物は365日/年での処理と設定し、年間の発酵適物を365で除した値を基にバイオガスプラントの規模選定を行った。

表2.3-15　プラント設計のための設定容積

項目	滞留日数（日）	安全率
原料槽	4	1.2
発酵槽	25	1.2
殺菌槽	1.5	1.2
消化液貯留槽	180	1.2

バイオガスプラントに

必要な受入・処理に関わる槽の容量算出の係数は以下の通りとした。

生成されたバイオガスは、バイオガスプラントに必要な熱量を賄うために必要なバイオガス量のみ利用し、余剰分はバイオガス発電機（コジェネレーション型）にて燃焼させ、発電電力および回収熱を付帯施設（庁舎もしくは下水処理場）に供給する事とする。付帯施設の性質上、午前6時から午後7時までの13時間のみ供給する事とした。このことより、午後7時から午前6時までに発生したバイオガスを貯留可能な施設規模とした。

b）メタン発酵処理特性

各ケースに供するバイオマス原料の性状・発酵特性を**表2.3-16**に示す。この係数を用いバイオガス発生量の算出を行った。

表2.3-16　対象バイオマスのメタン発酵特性

項目	TS（全固形物）%	有機物比（VS/TS）%	T-N（全窒素）	単位バイオガス発生量（Nm^3/kg-VS）	全窒素のアンモニア転換率（%）
生ごみ由来発酵適物	13.5	91.8	1,936	0.74	63
可燃ごみ由来発酵適物	22.8	90	3,266	0.74	63
下水汚泥	1.1	84.4	2,360	0.55	45

* 平成30年度環境省委託業務「平成30年度中小廃棄物処理施設における先導的廃棄物処理システム化等評価事業（機械選別を用いたメタン発酵処理システムによる中小規模廃棄物処理施設での再資源化・エネルギー化方法の評価・検証）成果報告書」を参照.
** 各数値は，下水道統計を参照.

c）余剰バイオガス量の算出

余剰ガスの算出は、まずバイオガスプラントにて必要な熱量の算出から実施した。必要な熱量としては、1：処理対象物の昇温（原料槽、発酵槽および殺菌槽加温）に必要な熱量、2：各槽からの放熱量、を想定した。この熱量の和を必要熱量とした。検討施設においては、熱量を賄うためにバイオガスボイラーを選定し、必要台数および必要バイオガス量を算出し、バイオガス発生量から除いた値を余剰バイオガス量とした。

d）発電電力量および回収熱量の算出

余剰バイオガスから供給可能な電力および熱量はバイオガス専焼発電機を想定し、メタン濃度（検討結果より57.6%と算出）、メタン低位発熱量（35.8 MJ/Nm^3）、発電効率（30%）、熱交換効率（40%）を用い算出を行った。

２）バイオガスプラント建設費（土木建築費・設備費）

対象地域は北海道積雪寒冷地にあり、断熱性や気密性は北海道仕様とした。また、ケースにより臭気対策を考慮した設計を行った。なお、土木建築費の算出には北海道公共単価（官積算）により算出発注された類似物件発注金額の建物規模単価を用いた。

生ごみ分別庁舎連携ケースでは、市街地へ建設する事になるため、臭気対策を考慮しなければならない。イメージ的には、北海道内下水道浄化センター（MICS施設）の形状に近いものとし、具体的には1階は車両受け入れと管理室を中心とし、原料受入槽、発酵槽、殺菌層とその機器は地下階に配置する事とした。一方、BGPを郊外の下水処理施設に併設した「生ごみ分別下水連携ケース」と「機械選別下水連携ケース」では、臭気対策として貯留槽への蓋がけをせず、畜産農家で設備している家畜ふん尿BGPと同じ形状とした（**表2.3-17**）。

表2.3-17　各ケースの土木建築費に係る諸条件

ケース	BGP 立地場所	施設構造・規模	貯留槽規模	備考
生ごみ分別 庁舎連携ケース	A 町 新役場庁舎横	地下 1 地上 1 階 延床 650m^2	968m^3	貯留槽は蓋あり
生ごみ分別 下水連携ケース	A 町 下水処理場横	発酵槽 1,963m^3	13,203m^3	貯留槽は蓋なし
機械選別 下水連携ケース	A 町 下水処理場横	発酵槽 1,385m^3	9,585m^3	貯留槽は蓋なし

バイオガスプラントにおける設備費は、算出した各ケースにおける規模を基にメーカーヒアリングにより決定した。**表2.3-18**にバイオガスプラント各設備における主要設備およびケース毎の数量を記載する。

表2.3-18　各ケースのBGP設備機器一覧

設備名称	設　　備	単位	生ごみ分別庁舎連携	生ごみ分別下水連携	機械選別下水連携
選別設備	破砕選別設備	式	1	1	−
	機械選別設備	式	−	−	2
原料槽	撹拌機	式	2	2	3
	共通	−	投入口・蓋設備，加温設備，液面レベル・温度管理，流量計，脱臭設備		
発酵槽	撹拌機	式	2	3	4
	共通	−	加温設備，液面レベル・温度管理，流量計，緊急開放・遮断弁，点検口，他機器・補器等		
機械・ポンプ室	共通	−	原料投入ポンプ，消化液引抜きポンプ，殺菌槽引抜きポンプ，ガス精製設備，手動･自動バルブ，消化液固液分離装置，他機器・補器等		
ガス貯留設備	共通	−	ガスバック，緊急開放・遮断弁，ガス警報器，他機器・補器等		
殺菌槽	共通	−	撹拌機，加温設備，液面レベル・温度管理，流量計，他機器・補器等		
消化液貯留槽	撹拌機	式	3	8	8
	消化液汲上設備	式	1	2	2
	液面管理	式	1	2	2
熱供給等設備	バックアップボイラー	基	1	2	4
	バイオガスボイラー	基	1	2	4
	ガスブースター	基	1	2	4
	共通	−	熱交換設備，他機器・補器等		
発電設備	バイオガス専焼発電機（コジェネタイプ）	基	1	−*	5
	ガスブースター	基	1	−*	3
	熱交換設備	式	1	−*	1

* 余剰ガスが発生しない為，発電設備は設置無し

３）維持管理費

①　発電機メンテナンス費用

発電機メーカーおよびプラント運営事業者ヒアリングによると、オーバーホール費用込みの発電機メンテナンス費用は約5～9円/kwhであったため、中間値の7/円kwhを採用し試算した。

② 維持管理費について

維持管理費（運転費、人件費、メンテナンス費、更新費等）については、建設会社・機械メーカー・プラント運営事業者などへのヒアリング、及び前回寄付分野における維持管理運転費試算結果を勘案し、建設費から試算した。

4）エネルギー利用に係るコスト試算

① 建築物の省エネルギー化

一般的な建築物のBEIが1.0とされているのに対して、ZEB技術を導入した新たな役場庁舎のBEIが0.5を目標にするため、基本的にはエネルギー消費量が半分になったとして考える事とする。また、現時点では新たな役場庁舎の規模が未確定であるため、既存役場庁舎を基本として考える事とする。

既存役場庁舎は当時の基準で建設されているため、現在の基準であるBEI 1.0には及ばない。ここでは、既存役場庁舎が鉄筋コンクリート造であることを考慮して1.2程度と仮定して今後の検討をする事とする。つまり、既存役場庁舎の使用エネルギー量調査結果（**表2.3-19**）に0.4を乗じて検討した。

$$\text{既存BEI}：1.2\times0.4 = \text{新たなBEI}：0.48<0.5$$

表2.3-19　庁舎のエネルギー消費量

項目			4月～6月	7月～9月	10月～12月	1月～3月	合計
現庁舎	灯油	L	293	0	676	1,416	2,385
	A重油	L	0	0	16,000	22,000	38,000
	LPG	m^3	49	41	40	49	179
	電気（低圧）	kWh	3,970	3,056	3,547	4,152	14,725
	電気（高圧）	kWh	52,005	49,586	47,914	52,889	202,394
新庁舎	消費電力量	kWh	22,390	21,057	20,584	22,816	86,848
	消費熱量	MJ	6,269	1,636	261,748	366,728	636,480

既存下水処理施設に関しては、機械を収納するための建築物であるため、ZEBによる省エネ効果は非常に低い。また、使用エネルギーの大半は機械の使用エネルギーであり、役場庁舎と比べても圧倒的に大きいからである。省エネルギーの観点では、ZEBからは程遠くなってしまうが、機械の使用エネルギーにBGPから発生したエネルギーを使用すると、ゼロカーボンへの効果は大きい。

②　電気自動車用充電設備

電気自動車用充電設備の設置基数は、余剰電力量と需要量のバランスをもとに設定した。コストはメーカーヒアリングをもとに、充電設備本体と工事費（充電設備設置工事費、電気配線工事、付帯設備設置工事費等）を試算した。

５）GHG 排出量

BGPに関して、発電量CO_2換算は北海道電力2019年度実績値（0.601 kg-CO_2/kWh）使用した。また、回収熱CO_2は、A重油（39.1 MJ/L、2.710l g-CO_2/L）として換算し、ボイラー効率80％として算出した。

６）農業ハウス熱利用量

回収熱利用先としてイチゴ栽培を行う農業ハウス（750 m^2）を設定した。季節での使用量の変動が激しく冬季間（特に厳寒期）は熱の使用量は多くなり、夏季間は使用する必要がほとんど無くなる。そのため通年ではなく冬季間での熱利用とし**表2.3-20**に示す実績データよりハウス１

表2.3-20　イチゴハウスで冬季必要熱量（Ａ町内の実績値

項目	10月	11月	12月	1月	2月	3月
必要熱量（MJ/ 日）	3611	4066	6615	7297	3123	1353
灯油換算（L/ 日）	98	111	180	199	85	37
バイオガス換算	175	197	321	354	151	66

* A 町イチゴハウス 750 m^2 1 棟分熱エネルギー使用量（2019 ～ 2020 実績より）
** 灯油熱量　36.7 MJ/L　　*** バイオガス熱量 20.62 MJ/m3

棟当たりの必要熱量とした。また、**表2.3-20**中の１月のデータより極寒期のハウス必要熱量は9.73 MJ/m^2とした。

また設置場所について、エネルギーロスを防ぐ観点からBGP施設にハウスを設置できる場所が必要となる条件から「生ごみ分別庁舎連携ケース」は検討から除外、ハウス設置場所の確保が見込まれる下水道施設隣接の検討においても余剰回収熱量の発生しない「生ごみ分別下水連携ケース」は検討から除外し、機械選別下水連携ケースのみ検討した。

７）液肥散布可能量

BGPから発生する消化液成分（**表2.3-30**）に基き、液肥の肥料成分を**表2.3-21**のように設定した。ただし肥料成分としてアンモニア態窒素としては考慮せず全窒素（T-N）に含み計算した。

表2.3-21　液肥成分の設定

成分	消化液成分（kg/ton）	設定値（中間値）kg/ton
T-N	1.5 ～ 2.7	2.1
P_2O_5	0.57 ～ 5.7	3.1
K_2O	0.36 ～ 3.6	2

* 比重 1.0 kg/L で計算　　** アンモニア態窒素としての考慮はせずに T-N に含み計算

８）グリッドシティモデルによる理論的な収集運搬の検討

①　はじめに

本ケーススタディの目的である自治体の廃棄物の合理的な広域化・集約化処理システムを考えるためには、処理プロセスの検討だけでなく、収集運搬も含めた総合的な処理システムとしての評価が求められる。そこで、本節では5つのケーススタディ別に廃棄物の収集運搬に伴う環境負荷や費用の推計を試みた。

②　グリッドシティモデルについて

収集運搬車両に伴うCO_2排出による環境負荷や収集運搬作業に必要な

経費を試算するモデルとして、グリッドシティモデルがあげられる。

グリッドシティモデル（以下、GCMと称す）は、Ishikawa[3] により提案された家庭系から排出される包装廃棄物のリサイクルのための輸送費用等を推計するモデルである。GCMの特徴は、人口、面積、廃棄物発生原単位、ごみ集積所数、収集車容量、収集頻度のパラメータから、輸送距離と必要車両台数を予測でき、収集のサービス水準（収集頻度やごみ分別区分）とCO_2排出量等の環境負荷や収集車台数等のコストとの間のトレードオフ関係を明示的に記述できることにある。このため、ケーススタディで設定したシナリオに応じてパラメータを設定することで、各ケースにおける環境負荷、必要な経費を簡易に比較することが可能となる。

したがって、本節では、Ａ町を対象としてGCMを作成し、各ケースにおける環境負荷および必要経費の比較検討を行った。

③　モデルの構築手法

ａ）グリッドモデル構築

モデル構築にあたっては、総務省統計局が公表している地域メッシュ統計に基づき、Ａ町を包括する範囲の基準地域メッシュ（3次メッシュ）のデータを用いた[4]。当該地域のメッシュデータの世帯密度から、Ａ町を対象とする仮想グリッドを作成した。地域メッシュ統計とは、緯度・経度に基づき地域を隙間なく網の目（メッシュ）の区域に分けて、それぞれの区域に関する統計データを編成したものであり、基準地域メッシュは1辺が約1kmのメッシュとなっている。このため、本検討において作成する仮想グリッドは、1km四方のメッシュで構成されるグリッドとなる。

仮想グリッドの作成範囲は、Ａ町のうちごみ収集区域が設定された町丁を対象とし、それ以外の地域は除外した。ごみ収集区域に相当する基準地域メッシュは204メッシュが該当し、この204メッシュを矩形に再配置することで、GCMを構築した。収集区域に相当する204メッシュをグ

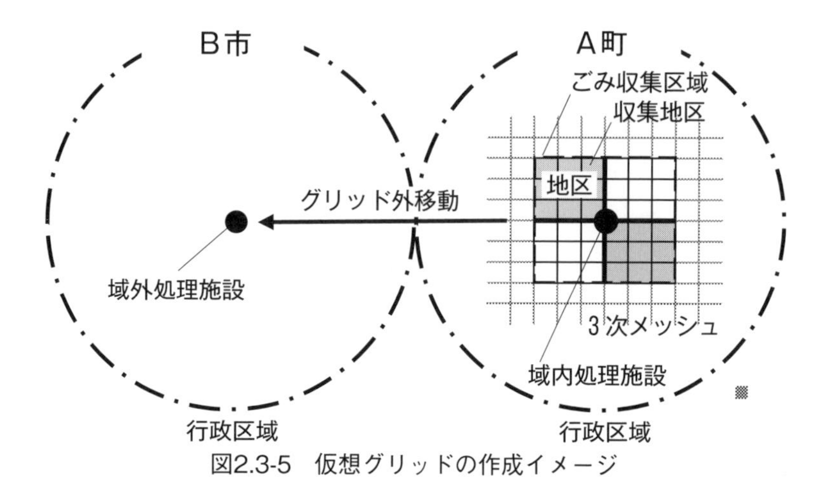

図2.3-5　仮想グリッドの作成イメージ

リッドとして矩形化するにあたっては、世帯の存在しないメッシュから任意の4メッシュを除外し、縦20メッシュ、横10メッシュの20 km × 10 km相当のグリッドとなるように配置することとした。世帯の存在しない任意の4メッシュを除外した200メッシュを矩形化するための、再配置においては、実際の世帯密度の分布状況を勘案して、極力、それに類似した世帯分布が再現できるように､グリッド内に任意に配置した。また、グリッド内には、実際のごみ収集地区の形状を参照して収集地区の境界を設定した。

A町では、廃棄物の処理をB市に委託していることから、廃棄物の一次受入先がA町の外に位置する現状ケース、広域ケース、機械選別下水連携ケースの場合、グリッド外（A町外）への廃棄物の搬出（移動）がある。このグリッド外への移動については、グリッドと処理施設との距離等を勘案した試算を行うこととした。

グリッド作成の考え方は、図に示すとおりである。なお、グリッドモデルを構築するにあたり、A町に対して収集運搬作業の実態について照会をかけ、その内容をモデル条件として反映することとした。

b）モデル推計の流れ

モデル推計の計算過程はフローに示すとおりである。

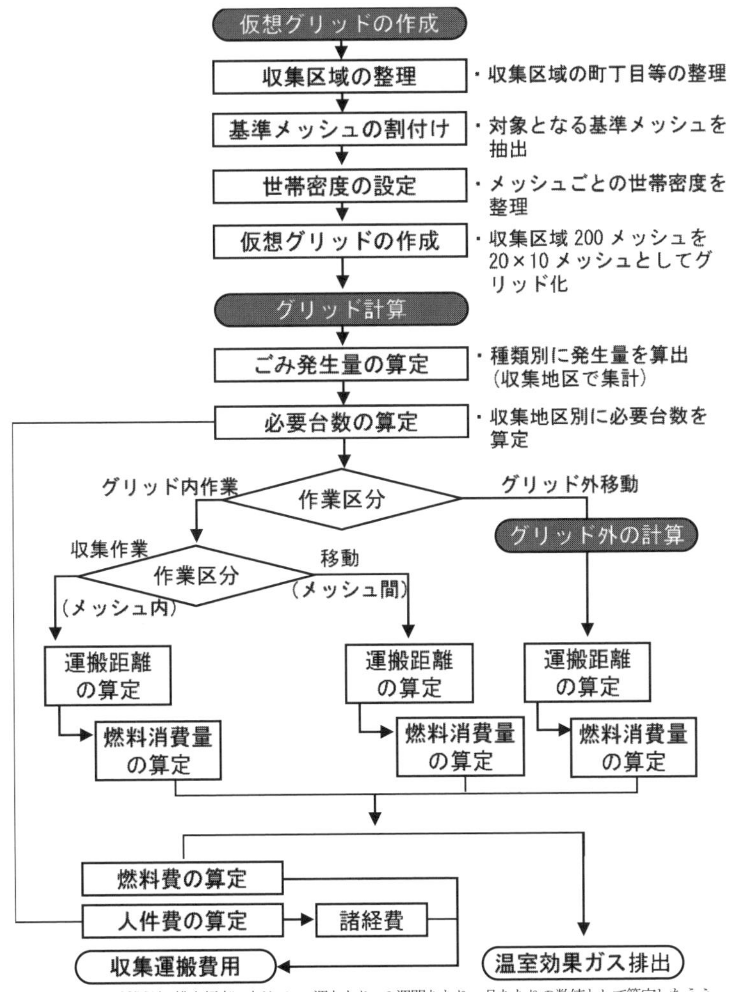

ごみ発生量は，種類別の排出頻度に応じて，1週あたり，2週間あたり，月あたりの数値として算定したうえで，燃料費，人件費，温室効果ガス排出量の計算したのち，1年を52週，26週，12か月として年間の数値にして評価した

図2.3-6　計算フロー

c）グリッドデータの設定

・メッシュ世帯密度

A町のごみ収集区域に該当する200メッシュを、実際の世帯密度分布に類似するように任意に配置した仮想グリッドを**図2.3-7**に示した。

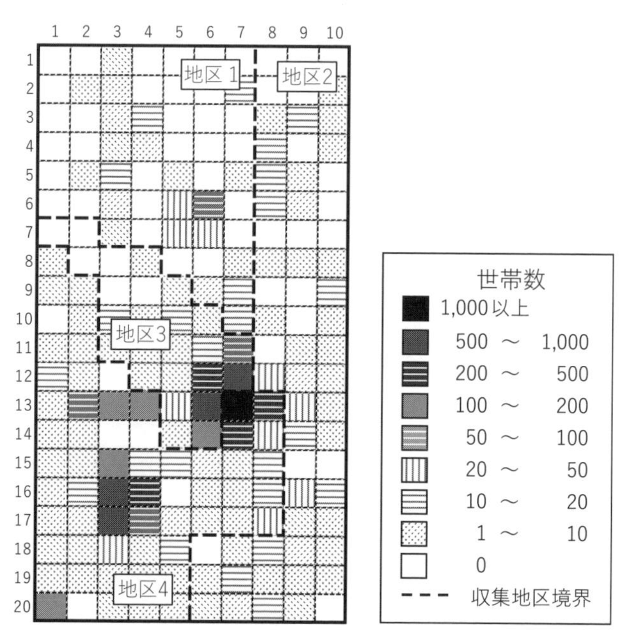

図2.3-7　本検討で作成した仮想グリッド（メッシュ世帯密度の分布）

・収集地区

A町のごみ収集区域は、4地区に分けられており、中心市街地が含まれる地区3と地区4で世帯密度が高くなっている。仮想グリッド内においては、A町の収集地区の区割りに合わせるかたちで収集地区を設定した。

d）GCMで算定する項目とその対象範囲

GCMでは、収集運搬に係る費用、温室効果ガスとしてCO_2の排出量を推計した。なお、本検討では、ケーススタディの条件に応じて決まる廃棄物の収集パターン変化に伴う収集運搬費用と収集運搬作業に伴い排出されるCO_2排出量の変化を検討するものであり、算定の対象は、日常の一般廃棄物の収集運搬作業を考慮した燃料費、人件費のみとし、収集運搬業務の事業運営に必要な車両更新や車両基地の運営など事業経営全体に係る費用やCO_2排出量は検討の対象外とした。

e）費用算定方法

・収集運搬費用

収集運搬に係る費用は、1収集サイクルあたりの収集運搬費用（C_t）として、収集運搬車両が消費する燃料費および、収集運搬作業に伴う人件費を算定した。1収集サイクルは、廃棄物の品目の収集頻度に応じて1週間、2週間、1か月に分類した。

$$C_t = C_f + C_l$$

C_t：1収集サイクルあたりの収集運搬費用（円）
C_f：1収集サイクルあたりの燃料費（円）
C_l：1収集サイクルあたりの収集運搬作業人件費（円）

・燃料費

1収集サイクルあたりの燃料費（C_f）は、グリッドのメッシュ内のごみ集積所を収集しながら移動する際の燃料費（C_i）、収集作業を伴わず収集区域内のメッシュ間を移動する際の燃料費（C_{oa}）、ごみ集積所での積込作業中の停車に伴う燃料費（C_w）を算定した。

$$C_f = C_i + C_{oa} + C_w$$

C_i：収集作業燃料費（円）
C_{oa}：収集区域内のメッシュ間の移動燃料費（円）
C_w：積込作業燃料費（円）

・収集作業燃料費

収集作業燃料費（C_i）は、グリッドの各メッシュ内のごみ集積所を収集しながら移動する際の燃料費であり、収集作業の燃費に、走行距離、走行トリップ数、廃棄物運搬量および燃料単価を乗じて算定した。算定に必要となる燃費は、東京都による路上走行やごみ積込作業をシャシダイナモメータ上で再現した試験結果[5]のもとに設定した。軽油価格単価については、経済産業省北海道経済産業局が公表している北海道の石油製品（灯油、ガソリン、軽油）の価格・月末在庫量のデータ[6]より北海道の2020年の平均値116.4円/Lを用いた。

$$C_i = E_i \times D_i \times T \times W \times F$$

E_i：収集作業燃費　(0.00042 L/km･kg)
D_i：収集作業走行距離（km）
T：収集作業走行トリップ数（台）
W：廃棄物運搬量（kg）
F：軽油単価（116.4 円 /L）

・収集区域内のメッシュ間の移動燃料費

収集作業を伴わず収集区域内のメッシュ間を移動する際の燃料費（C_{oa}）は、収集作業燃料費と同様に移動時の燃費に、走行距離、走行トリップ数、廃棄物運搬量および燃料単価を乗じて算定した。メッシュ間の移動燃費についても、収集作業燃費と同様に東京都の試験結果[5]をもとに設定した数値を用いて算定した。

$$C_{oa} = E_{oa} \times D_{oa} \times T \times W \times F$$

E_{oa}：収集区域内のメッシュ間の移動のための燃費（0.00010 L/km･kg）
D_{oa}：収集区域内のメッシュ間を移動する距離（km）
T：収集作業走行トリップ数（台）
W：廃棄物運搬量（kg）
F：軽油単価（116.4 円 /L）

・積込作業燃料費

積込作業における燃料費（C_w）は、積込移動時の燃費に積込作業時間と燃料単価を乗じて算定した。積込作業時の燃費については、東京都の試験結果[5]のもとに、アイドリングの有無の違いにもとづく走行パターンの計測値の差異から推定した数値をもとに算定した。

$$C_w = E_w \times 3600 \times T_w \times F$$

E_w：積込作業燃費（0.00060 L/sec）
T_w：積込作業時間（hour）
F　：軽油単価（116.4 円 /L）

・収集作業走行距離

収集作業走行距離（D_i）は、収集作業のためにグリッドの各メッシュ内を走行する距離として算定した。世帯密度をごみ集積所の受持ち世帯数で除することで得られるメッシュ内のごみ集積所数とごみ集積所間の距離を乗ずることで算定した。なお、ごみ集積所の受持ち世帯数は、モデル自治体への照会により確認した概数より、およそ10世帯として算定した。

$$C_w = E_w \times 3600 \times T_w \times F$$

D_s：ごみ集積所間の距離（km）
H：世帯密度（世帯 /km^2），3次メッシュデータ
S：ごみ集積所受持ち世帯数（世帯／集積所あたり）

・ごみ集積所間距離

ごみ集積所間の距離（D_s）は、ごみ集積所の受持ち世帯数を世帯密度で除することで得られるごみ集積所の受持ち面積の平方根として算定した。なお、ごみ集積所は集落や街区に設置されることを考慮し、受持ち面積は、住宅地面積率を乗じた数値を用いた。住宅地面積率は、北海道庁第127回（2020年）統計書の市区町村別地目別面積[7]から宅地面積のおよその割合として算定した0.02を用いた。

$$D_S = \sqrt{S/H \times R}$$

R：住宅地面積比率（0.02）

・廃棄物運搬量

廃棄物運搬量（W）は、メッシュあたりの世帯数にごみ種類別の発生原単位を乗じて算定した。なお、ごみ種類別の発生原単位は、ごみ種類別にA町の年間の収集量から1世帯の1日あたりごみ排出量を算定し、1

収集サイクルあたり日数の1週間（7日）、2週間（14日）、1か月（約30日）を乗じて算定した。年間のごみ収集量は、環境省の一般廃棄物処理実態調査報告書[8]に示されたＡ町平成30年度の数値を引用した。

$$W = H \times w \times P$$

w：1世帯の1日あたりごみ排出量（kg/世帯・日）
P：1収集サイクルの日数（日）

・収集作業走行トリップ数

収集作業走行トリップ数（T）は、1収集サイクルあたりの廃棄物運搬量から想定される必要台数を収集頻度で除して算定した。Ａ町への収集運搬作業の実態についての照会結果より、ごみ収集作業は、4ｔパッカー車3台と2ｔパッカー車2台の体制で実施されており、1台あたりの平均積載重量2.45ｔ/台として、必要台数を設定した。

$$T = 1000 \times W / 2.45 / Q$$

Q：1収集サイクルあたりの収集頻度

・収集区域内のメッシュ間を移動する距離

収集区域内のメッシュ間を移動する移動距離（D_{oa}）は、収集区域内の各メッシュからグリッド基点までの平均距離を用いた。

・積込作業時間

積込作業時間（T_w）は、集積所あたりの積込準備時間（T_1）と収集サイクルあたりのごみ発生量と収集頻度に応じた作業時間にごみ集積所数を乗じて算出した。なお、積込準備時間、積込速度については、既往のごみの収集運搬に関する評価モデルの研究成果[9]より引用した。

$$T_w = \left\{ {T_1}/{3600} + {(7 \times W \times S)}/{(V \times Q)} \right\} \times \left({H}/{S} \right)$$

T_1：積込準備時間（16.7sec）
V　：積込速度：0.77kg/sec［2,772kg/hour］

・人件費

収集運搬作業人件費C_1は、モデル自治体へ照会結果より、運転手1名と軽作業員1名を1つの作業班として算定した。その人件費は、国土交通省の「令和2年3月から適用する公共事業設計労務単価表[10]」より1班あたり、運転手（一般）の単価日額17,600円、軽作業員の単価日額14,400円の平均値として16,000円に設定し、算定した。

f）温室効果ガス排出量

収集区域内の収集運搬車両の走行に伴う温室効果ガス排出量（G_a）としてCO_2排出量を算定した。CO_2排出量は、軽油燃焼のCO_2排出原単位2.58 kg-CO_2/Lに燃料使用量（U_a）を乗じることで算出した。軽油燃焼のCO_2排出原単位は、温室効果ガス総排出量算定方法ガイドラインVer.1.0[11]の燃料別の炭素排出係数を用いた。燃料使用量は、燃料費の算出において算定した収集作業での使用燃料、収集区域への移動での使用燃料、積込作業での使用燃料の合計であり、1収集サイクルあたりの燃料費（C_f）を燃料単価で割り戻すことで算定した。

$$G_a = 2.58 \times U_a$$

$$U_a = C_f / F$$

G_a：温室効果ガス排出量（kg-CO_2）
U_a：収集区域内の燃料使用量（L）

g）グリッド外の計算

グリッド外の計算は、A町以外の廃棄物の一次受入れ先であるB市の処理施設までの運搬を考慮した試算を行った。試算は、A町からB市の処理施設まで廃棄物を運搬するのに必要な燃料消費量（U_b）を算定したうえで、そこに燃料単価（F）、CO_2排出原単位2.58 kg-CO_2/Lを乗じることで、燃料代（C_{ob}）およびCO_2排出量（G_b）を算定した。なお、グリッド外の移送に伴う人件費は、グリッド内の作業に伴う人件費が1日あたり単価として設定されていることから、その人件費で賄われると想定し、別途計上しないこととした。なお、ごみ収集区域から、グリッド外の施設までの片道距離は25 kmに設定した。

$$U_b = E_{ob} \times D_{ob} \times T \times W$$

$$C_{ob} = U_b \times F$$

$$G_b = 2.58 \times U_b$$

U_b：グリッド外の燃料使用量（L）
E_{ob}：グリッド（収集区域）からグリッド外の施設までの移動のための燃費（0.00010 L/km･kg）
D_{ob}：グリッド（収集区域）からグリッド外の施設までの往復移動距離（km）
C_{ob}：グリッド外の移動に伴う燃料費（円）
G_b：グリッド外の移動に伴う温室効果ガス排出量（kg-CO_2）

h）諸経費の加算

収集運搬に係る諸経費として、A町への収集運搬作業の実態についての照会結果より人件費の15%の金額を加算した。

④　各ケースの入力条件の設定

a）現状の収集サイクル（現状ケース）

現状、A町では、週に2回の可燃ごみおよび危険ごみ、週に1回のその他（プラスチック類）、月に1回の不燃ごみ、月に2回の資源物の回収を行っている。A町では、収集区域を4地区に分け、**表2.3-22**に示すとおりの、サイクルで収集を実施している。

表2.3-22　A町のごみ収集サイクル（現状ケース）

地区	日	月	火	水	木	金	土
1		○	■	△	○	□	
2			○■	△	□	○	
3			○■	△	□	○	
4		○	■	△	○	□	

○：可燃ごみ、危険ごみ（2回／週）
□：その他（プラスチック類）（1回／週）
■：不燃ごみ（1回／月）
△：資源物（2回／月）

b）広域ケース

広域ケースにおいては、資源物を除き、可燃ごみとプラスチック類を一括回収したのち、B市の中継施設で選別処理されるため、分別区分が現状に比べて少なくなる。収集サイクルについては、現状の収集サイクルから、その他プラスチック類の収集日がなくなるものとして設定した。

表2.3-23　広域化した場合のごみ収集サイクル

地区	日	月	火	水	木	金	土
1		●	■	△	●		
2			●■	△		●	
3			●■	△		●	
4		●	■	△	●		

●：可燃ごみ＋プラスチック類、危険ごみ（2回／週）
■：不燃ごみ（1回／月）
△：資源物（2回／月）

c）生ごみ分別庁舎連携ケース

生ごみ分別庁舎連携ケースでは、現状に比べて新たに生ごみの分別が発生し、従来の可燃ごみは、その他（プラスチック類）とあわせて焼却ごみとして別途収集する必要がある。

このため、現状の可燃ごみの収集日をその他（プラスチック類）の収集とあわせて一括収集する焼却ごみの日として割り当てた。また、現状の、その他（プラスチック類）の収集日は廃止し、当該日を生ごみ収集日に割り当てた。さらに、生ごみを週2回の収集とするため、地区2および地区3は現状、収集が行われていない月曜日を新たに生ごみの収集日として設定した。また、地区1および地区4については、火曜日に設定された月に1回の燃えないごみの日に生ごみの収集日を割り当てることとした。

表2.3-24　生ごみ分別を考慮した収集サイクル

地区	日	月	火	水	木	金	土
1		○	◆■	△	○	◆	
2		◆	○■	△	◆	○	
3		◆	○■	△	◆	○	
4		○	◆■	△	○	◆	

○：可燃ごみ＋プラスチック類、危険ごみ（2回／週）
◆：生ごみ（2回／週）
■：不燃ごみ（1回／月）
△：資源物（2回／月）

d）生ごみ分別下水連携ケース

生ごみ分別下水連携ケースの収集サイクルは、**表2.3-24**に示した生ごみ分別庁舎連携ケースと同様である。

e）機械選別下水連携ケース

機械選別下水連携ケースでは、現状の可燃ごみを収集後に下水処理施設で機械選別することから､実質的は現状の収集サイクルと同等である。

表2.3-25　機械選別を考慮した収集サイクル

地区	日	月	火	水	木	金	土
1		○	■	△	○	□	
2			○■	△	□	○	
3			○■	△	□	○	
4		○	■	△	○	□	

○：可燃ごみ、危険ごみ（2回／週）
□：その他（プラスチック類）（1回／週）
■：不燃ごみ（1回／月）
△：資源物（2回／月）

f）廃棄物収集量

本モデルにおける廃棄物の収量は、評価年度である2033年度を対象とする。「将来人口及び発生量等の試算方法」に基づき、ケーススタディ別の収集量を設定した。

表2.3-26　GCMで設定した廃棄物の収集

廃棄物種類	評価年度排出量（ton/年）	1日当たり排出量（kg/世帯・日）
可燃ごみ	1,280	約0.46
（生ごみ）	−195	（約0.07）
不燃ごみ	91	約0.03
資源物	120	約0.04
その他（プラスチック）	199	約0.07

* 世帯数：約8,000
** 生ごみ：燃やせるごみのうち，湿重量ベース組成30.4%，分別協力率50%を想定し設定

2.3.5　ケーススタディの結果と考察

（1）GCMに基づく収集運搬システムの評価

1）GCMによる収集運搬費の推計値と実績値との比較

GCMによる推計値の妥当性を検証するため、A町の廃棄物の搬入実績値に基づく推計値と廃棄物収集運搬費を比較した。A町の廃棄物の搬入実績と収集運搬費用は、環境省の一般廃棄物処理実態調査報告書[8]に示されたA町2018年度の数値を引用および参照した。

比較の結果、本モデルにより推計した収集運搬費は、実績に対して1.1倍であった。なお、廃棄物の品目別の搬入量に応じて按分した収集運搬費と本モデルの推計値を比較した結果、推計値は実績値の0.9～1.2倍の範囲に収まっており、本モデルはA町の実態を概ね再現しているとものと考えられる。

2）収集運搬費

収集運搬費用の推計結果を**表2.3-27**に示す。推計値は、A町内の収集運搬作業の人件費、燃料費を対象としたグリッド内の推計値とA町の行政区域外に立地する処理施設への移動に要する燃料費を対象としたグリッド外の推計値に区分して表記した。

2033年度（評価年度）における現状ケースの収集運搬費用は、5,197万円と推計された。現状ケースでは、週2回収集を行う可燃ごみの収集

運搬費用が3,583万円でその大半を占めている。

広域ケースでは、可燃ごみとその他プラスチックを一括して回収することから、トータルの回収頻度が下がるため、収集運搬費用は4,499万円に低下した。生ごみ分別するケースでは、新たに分別した生ごみの収集運搬の手間が発生するため、費用が増加し6,237万円と推計された。さらに、機械選別ごみとして、燃やせるごみを回収して下水処理場において機械選別を行うケースでは、グリッド外へ搬出するための燃料費が削減されるため、収集運搬費用は4,689万円に低下すると推計された。

表2.3-27　ケース別廃棄物収集運搬費用の推計結果

現状ケース（評価年度予測値に基く）　（千円／年）

ごみ区分	可燃ごみ	不燃ごみ	資源物	その他プラ類	計
グリッド内　収集運搬費	30,751	3,300	3,974	7,906	45,931
グリッド外　燃料費	5,080	259	251	451	6,041
収集運搬費用　推計値計	35,831	3,559	4,226	8,357	51,973

広域ケース　（千円／年）

ごみ区分	可燃ごみ＋プラ類	不燃ごみ	資源物	計
グリッド内　収集運搬費	31,337	3,300	3,974	38,611
グリッド外　燃料費	5,870	259	251	6,380
収集運搬費用　推計値計	37,207	3,559	4,226	44,991

生ごみ分別　庁舎／下水連携ケース　（千円／年）

ごみ区分	生ごみ	不燃ごみ	可燃ごみ＋プラ類	資源物	計
グリッド内　収集運搬費	22,410	3,300	30,749	3,974	60,434
グリッド外　燃料費	0	259	1,427	251	1,937
収集運搬費用　推計値計	22,410	3,559	32,176	4,226	62,370

機械選別下水連携ケース　（千円／年）

ごみ区分	機械選別ごみ	不燃ごみ	資源物	その他プラ類	計
グリッド内　収集運搬費	30,751	3,300	3,974	7,906	45,931
グリッド外　燃料費	0	259	251	451	961
収集運搬費用　推計値計	30,751	3,559	4226	8,357	46,893

* グリッド外は，燃料費算出し，人件費はグリッド内収集運搬費に含む

3）温室効果ガス排出量

収集運搬車両の走行に伴う温室効果ガス排出量の推計結果を**表2.3-28**に示す。推計値は、A町内の収集運搬作業を対象としたグリッド内の推計値とA町の行政区域外に立地する処理施設への移動を対象にしたグリッド外の推計値に区分して表記した。2033年度（目標年度）における現状ケースの温室効果ガス排出量は、233 t-CO_2/年と推計された。現状ケースにおいては、町内で収集した廃棄物は全てB市内の施設に運搬しているため、グリッド外への移動に伴う発生量の割合が高くなっている。

表2.3-28　ケース別収集運搬車両に伴う温室効果ガス排出量の推計結果

現状ケース（評価年度予測値に基く）　(t-CO_2/年)

ごみ区分	可燃ごみ	不燃ごみ	資源物	その他プラ類	計
グリッド内	88	3	3	6	99
グリッド外	113	6	6	10	134
CO_2排出量　推計値計	200	9	9	16	233

広域ケース　(t-CO_2/年)

ごみ区分	可燃ごみ＋プラ類	不燃ごみ	資源物	計
グリッド内	101	3	3	107
グリッド外	130	6	6	141
CO_2排出量　推計値計	231	9	9	248

生ごみ分別　庁舎／下水連携ケース　(t-CO_2/年)

ごみ区分	生ごみ	不燃ごみ	可燃ごみ＋プラ類	資源物	計
グリッド内	9	3	88	3	103
グリッド外	0	6	32	6	43
CO_2排出量　推計値計	9	9	119	9	146

機械選別下水連携ケース　(t-CO_2/年)

ごみ区分	機械選別ごみ	不燃ごみ	資源物	その他プラ類	計
グリッド内	88	3	3	6	99
グリッド外	0	6	6	10	21
CO_2排出量　推計値計	88	9	9	16	121

広域ケースでは、可燃ごみとその他プラスチック類を一括回収するため、その他プラスチック類の収集のための温室効果ガス排出量は減少するものの、一括回収にともなう輸送重量の増加に伴い、燃費が悪化し、温室効果ガスの排出量が248 t-CO_2/年と増加する結果となった。

一方、A町内の施設を活用する生ごみ分別するケース、下水処理場で機械選別を行うケースでは、グリッド内の運搬にともなう温室効果ガス排出量は減少しないものの、グリッド外への移動が減少することにより、温室効果ガスの排出量が現状ケースに比べて低下すると推計された。

3）考察

A町についてGCMを構築し、現状ケースに対するケース別の収集運搬費用、温室効果ガス排出量を比較検討した。

広域ケースにおいて収集運搬費用は、ごみ分別数の減少に伴う収集頻度の減少があるため、グリッド内の収集運搬費用は6%減少した。一方、グリッド外においては、運搬重量の増加にともなう燃料消費量の増加により費用が4%増加した。グリッド内外を考慮したシステム全体では、13%の費用削減となる。温室効果ガスについては、運搬重量の増加により燃料消費量が増加するため、現状ケースに比べて6%排出量が増加する。

生ごみ分別のケースにおいては、収集運搬費用について現況、A町域外に搬出していた廃棄物の運搬量削減があるため、グリッド外への運搬費用は68%削減されるものの、生ごみの収集が新たに加わるため、グリッド内の費用は32%増加する。このためシステム全体としては、20%費用が増加する。一方、温室効果ガス排出量についてみると、グリッド内排出量の増加は3%にとどまるため、システム全体では38%の削減が期待される。

機械選別下水連携のケースでは、グリッド内の収集運搬費用は変化しないが、グリッド外の費用は84%削減される。しかし、収集運搬費用は、グリッド内の費用が大半を占めるため、システム全体では、10%の費用

表2.3-29　収集運搬費用，温室効果ガス排出量への効果検

ケース	分別数	収集運搬費用［千円/年］（現状に対する削減または増大の割合[%]）								
		グリッド内			グリッド外			全体		
現状	4	45,931		—	6,041		—	51,973		—
広域	3	38,611	(16%)	⬇	6,380	(6%)		44,991	(13%)	⬇
生ごみ分別	4	60,434	(32%)	⬆	1,937	(68%)	⬇	62,370	(20%)	⬆
機械選別下水連携	4	45,931	(0%)	—	961	(84%)	⬇	46,893	(10%)	⬇

⬇：削減，　⬆：増加

ケース	分別数	温室効果ガス排出量［t－CO_2/年］（現状に対する削減または増大の割合[%]）								
		グリッド内			グリッド外			全体		
現状	4	99		—	134	—		233	—	
広域	3	107	(7%)	⬆	141	(6%)	⬆	248	(6%)	⬆
生ごみ分別	4	103	(3%)	⬆	43	(68%)	⬇	146	(38%)	⬇
機械選別下水連携	4	99	(0%)	—	21	(84%)	⬇	121	(48%)	⬇

⬇：削減，　⬆：増加

表2.3-30　BGPプラント運転に係る経済性と回収エネルギー

項目		単位	生ごみ分別 庁舎連携	生ごみ分別 下水連携	機械選別 下水連携
機械選別・バイオガスプラント	土木建築費	千円	620,000	650,000	900,000
	機械器具設置費	千円	563,000	569,000	1,157,000
	合計	千円	1,183,000	1,219,000	2,057,000
	維持管理費	千円／年	70,010	70,623	131,936
	BGP発生CO_2量	ton-CO_2/ 年	270	288	364
総バイオガス発生量		Nm^3/ 年	165,345	243,455	1,322,030
		Nm^3/ton-w.w	96	15	56
余剰ガス	ガス量	Nm^3/ 年	107,144	0	782,835
	発電量	kWh/ 年	184,117	0	1,345,223
	発電機回収熱量	MJ/ 年	883,760	0	6,457,072
	発電量CO_2換算	ton-CO_2/ 年	111	0	808
	熱回収量CO_2換算	ton-CO_2/ 年	77	0	559
消化液発生量		ton/ 年	1,621.30	16,153.10	22,307.30
消化液成分	全窒素	mg/L	1,500 ～ 2,700		
	アンモニア態窒素	mg/L	1,000 ～ 1,500		
	全リン	mg/L	250 ～ 2,500		
	全カリ	mg/L	300 ～ 3,000		

* 総バイオガス発生量の質重量当たり（ton-w.w.）は希釈水等を除外した質量とする．

** 発電量 CO_2 換算は北海道電力 2019 年度実績値（0.601kg-CO_2/kWh）使用．

*** 回収熱 CO_2 換算は，A 重油（39.1MJ/L，2.710lg-CO_2/L），ボイラー効率 80% で算出．

削減効果にとどまる。温室効果ガスについてみると、グリッド内の排出量は変化せず、グリッド外の排出量は84 ％削減される。温室効果ガスの排出量は、グリッド内外で同程度の規模であることから、システム全体では48％の削減が期待される。

（2）BGPプラント運転に係る経済性と回収エネルギー

BGPを導入する3つのケースについて、建設・維持管理費と各条件から発生するバイオガス量と消化液量、さらにBGPより発生するCO_2量の試算結果を**表2.3-30**に示す。

機械選別を導入するケースでは機械器具設置費が他のケースより約1.6倍程度高くなる一方で、回収物の変化と投入物の最適化により総バイオガス量は高くなった。生ごみ分別下水連携ケースでは、発生したバイオガスがプラント場内利用ですべて使われるため、余剰ガスが得られないという試算となった。

（3）バイオマス由来エネルギーの利用先と新たな価値

余剰バイオガスにより発電した電力および回収した熱の利用について、**表2.3-31**のとおり設定し、検討した。生ごみ分別下水連携ケースについては余剰ガスが発生しないため、検討の対象外とした。

表2.3-31　余剰バイオガスのエネルギー利用先

ケース	種別	利用先
生ごみ分別 庁舎連携ケース	電力	新庁舎，電気自動車充電設備
	熱	新庁舎
機械選別 下水連携ケース	電力	下水処理施設
	熱	農業ハウス

1）生ごみ分別庁舎連携ケースにおけるエネルギー利用

新庁舎の消費電力量、消費熱量（**表2.3-19**を参照）をもとに余剰バイオガスのエネルギー利用可能性を検討した結果を**表2.3-32**に示す

表2.3-32　余剰バイオガスの利用検討結果（生ごみ分別庁舎連携ケース）

		4月～6月	7月～9月	10月～12月	1月～3月	合計
余剰バイオガス量	Nm^3	27,162	30,917	25,579	23,487	107,144
発電量	kWh	46,674	53,127	43,955	40,360	184,117
新庁舎消費電力量	kWh	22,390	21,057	20,584	22,816	86,848
EV 利用可能電力量	kWh	24,284	32,070	23,371	17,544	97,269
回収熱量	MJ	224,037	255,010	210,984	193,728	883,760
新庁舎消費熱量	MJ	6,269	1,636	261,748	366,728	636,480
余剰・不足	MJ	217,768	253,374	-50,764	-173,099	247,280

* 余剰バイオガス量の算定にあたっては，月ごとの平年値（平均気温）を採用.

余剰バイオガスによる発電量（年間184,117kWh）の約半分で、新庁舎で使用する電力（年間86,848kWh）を賄うことができ、年間を通じて、余剰分（年間97,269kWh）を電気自動車充電設備で利用することが可能となる。乗用車を想定し、電費（1 kWhあたりの走行距離）を6 km/kWhと設定すると、年間58万km走行可能な電力量に相当する。

年間ベースでの回収熱量（年間883,760 MJ）は、新庁舎の消費熱量（年間636,480 MJ）を上回るものの、新庁舎が積雪寒冷地に位置し、暖房需要が大きくなることから、冬季においては回収熱量だけでは不足する結果となった。

2）機械選別下水連携ケースにおけるエネルギー利用

農業ハウスの必要熱量（**表2.3-20**を参照）と、余剰バイオガスからの回収熱量をもとに、利用可能な農業ハウスの設置規模を検討した（**表2.3-33**）。気温が最も低くなる1月であっても、農業ハウス（750 m^2）2棟分を賄うことが可能である。

表2.3-33　農業ハウスの熱エネルギー消費量と利用可能棟数

		10月	11月	12月	1月	2月	3月
1棟あたりの必要熱量	MJ/日	3,611	4,066	6,615	7,297	3,123	1,353
回収熱量	MJ/日	17,857	16,622	15,822	15,727	15,731	15,790
利用可能ハウス棟数	棟	4.9	4.1	2.4	2.2	5	11.7

* 必要熱量は，2019 ～ 2020 実績より算定
** ハウス面積を 750m^2 で計算
** 灯油熱量 36.7MJ/L

回収した熱を利用する農業ハウスを2棟と設定し、余剰バイオガスのエネルギー利用を検討した結果を**表2.3-34**に示す。バイオガスプラントを併設する既存の下水処理施設の年間消費電力量は、調査結果をもとに、800,000 kWhとしている。

表2.3-34　余剰ガスの利用検討結果（機械選別下水連携ケース）

		4月～6月	7月～9月	10月～12月	1月～3月	合計
余剰バイオガス量	Nm^3	199,495	224,454	187,032	171,855	782,835
発電量	kWh	342,812	385,701	321,395	295,316	1,345,223
下水処理施設消費電力量	kWh	–	–	–	–	800,000
EV 利用可能電力量	kWh	–	–	–	–	545,223
回収熱量	MJ	1,645,495	1,851,366	1,542,696	1,417,515	6,457,072
農業ハウス消費熱量	MJ	0	0	877,972	711,188	1,589,160
余剰・不足利用可能熱量	MJ	1,645,495	1,851,366	664,724	706,327	4,867,912

* 下水処理施設の消費電力量のデータは，年間消費量のみ.
** 農業ハウスは，750 m^2 × 2 棟.

余剰バイオガスによる発電量（年間1,345,223 kWh）の6割ほどで、下水処理施設で使用する電力（年間800,000 kWh）を賄うことができ、余剰分（年間545,223 kWh）を電気自動車充電設備に利用することが可能

である。しかしながら、電気自動車の充電用としては十分すぎる電力量であり、他の需要先も検討することが望ましい。

同様に熱量についても、農業ハウスに十分利用可能であるもの、年間を通して考えると夏季にかけて未利用の熱量が発生するため、これまでの事例[12]を参考にしつつ、通年で熱需要のある施設の検討をする必要がある。

3）液肥の散布可能性および化学肥料の代替性

本検討条件であるBGP施設から発生する液肥の最大発生量である22307.3ｔ/年間（機械選別下水連携ケース、**表2.3-30**参照）についてA町地域内での散布利用可能量について検討した。

設定した液肥成分の成分数値を基に当該地域での畑作作物作付面積の上位3品目に対する散布可能量を**表2.3-35**に示す。

表2.3-35より当該地域では、秋まき小麦55,200ｔ、春まき小麦16,890ｔ、大豆10,708ｔの散布が可能でありBGP施設から発生する最大液肥量を十分受け入れられる圃場があることがわかった。

北海道では液肥散布は冬季間（積雪時）に行うことができず11月中旬から3月中旬までの約4か月分は貯蔵することになる。この貯蔵分については**表2.3-35**にも記載されている「秋まき小麦（起生期追肥）」で3～4月で使用対応できる量であると考えられる。その後は作付前の肥料として利用と施設での保管を経て秋の作物収穫後に追肥として使用することで液肥の消費は問題なく、地域内で循環すると判断できる。その他の利用方法として住民への資源の還元が考えられる。さらに住民への還元は環境意識を高める付加価値も期待できる。

しかし、BGP施設から発生する液肥は臭気が抑えられはいるが散布時期については該当地域の施肥基準および近隣住民への配慮が必要である。また肥料登録も液肥利用には必要な項目である。特に、下水連携ケースでは下水汚泥が原料として含まれているため、重金属等の成分管理が必要である。

表2.3-35　A町内での消化液散布利用可能量の推定

項目	単位	秋まき小麦	春まき小麦	大豆
作付け面積	ha	2,760	563	514
施肥基肥量 *				
N	kg/10a	14	8	2
P_2O_5	kg/10a	14	14	13
K_2O	kg/10a	10	9	9
施肥標準基づく施肥率 *				
リン酸施肥率	%	100	100	100
カリウム	%	100	100	100
液肥による減肥可能量 *				
N	kg/t-現物	1.47	0.84	0.84
P_2O_5	kg/t-現物	3.1	3.1	3.1
K_2O	kg/t-現物	2	2	2
減肥可能量に基づく液肥の施肥量 **				
N	t-現物/10a	9.2	9.5	2.1
P_2O_5	t-現物/10a	4.4	4.4	4
K_2O	t-現物/10a	4.8	4.3	4.3
単年施肥上限 *	t-現物/10a	2	3	3
単年施肥量最小値 *	t-現物/10a	4.4	4.3	2.1
単年施肥可能量 *	t-現物/10a	2	3	2.1
液肥需要年数	年	20	20	20
平均液肥需要（最大）***	t-現物/年	55,200	16,890	10,708

* 北海道施肥ガイド 2015
** ［施肥基肥量÷液肥による減肥可能量］で算出
*** ［施肥量×施肥年数×作付け面積÷液肥による減肥可能量］で算出

施用法 ***	液肥成分			含有成分の肥料換算係数			減肥可能量			施肥適量
	T-N	P_2O_5	K_2O	T-N	P_2O_5	K_2O	T-N	P_2O_5	K_2O	t/10a
表面施用混和 *	2.1	3.1	2	0.4	1	1	0.84	3.1	2	3
表面施用 **	2.1	3.1	2	0.7	1	1	1.47	3.1	2	2

* 対象作物：てん菜，ばれいしょ，シロカラシ，ひまわり
** 対象作物：秋まき小麦（起生期追肥）
*** 北海道施肥ガイド 2015，および R2 集計農林水産省北海道農業事務所発表データ

つぎに化学肥料の代替性について市販の化学肥料の価格を基に費用対効果を比較検討した。比較対象の例を春まき小麦とし、市販の普通化成肥料の成分と比較、液肥散布によりどれだけ化成肥料の使用を削減できるかを**表2.3-36**にまとめた。

表2.3-36　液肥による化成肥料の代替効果

春まき小麦を例としての10aあたりの肥料削減効果

肥料20kg袋あたり				液肥1t中の換算肥料成分	削減期待袋数（20kg袋）	削減期待値（円）
普通化成肥料成分（kg）		換算肥料成分（kg）				
N（8%）	1.6	T－N	1.6	0.84	－1.58	－3,095
P（8%）	1.6	P_2O_5	3.66	3.1	－2.54	－4,978
K（5%）	1	K_2O	1.21	2	－4.96	－9,714

* 農業生産資材品目別月別全国平均小売価格（平成29年）より1,959円/20kg袋として計算
** 散布施設は含まない
*** 施肥費用24千円/10a（ヒアリング）

表2.3-36より、期待値が低いN成分換算で10aあたり3,095円、期待値が最も高いK成分で換算すると9,714円の肥料費用削減が可能になることがわかった。

液肥利用はBGP施設の設置場所と散布圃場の距離など立地条件が整えば施肥費用の削減、化学肥料原料である資源を抑えることなどの環境負荷軽減には大きく貢献できると考えられる。

2.3.6　ケーススタディのまとめ

現状、一般廃棄物処理を委託・受託関係にある２自治体を対象とし、将来あるべき姿として「広域化」を念頭においたケーススタディを実施した。ケーススタディでは広域化と地域利用という観点から、「広域ケース」「生ごみ分別庁舎連携ケース」「生ごみ分別下水連携ケース」「機械選別下水連携ケース」を設定した。それぞれのケーススタディは①収集運搬、②処理、③利用という３段階を経て検討された。以下にそれぞれの検討をまとめる。

①収集運搬では、適正な収集運搬は、継続的なバイオマス利活用に必

須である。本章では、将来のごみ量予測と適正な収集運搬（グリッドシティモデル）について科学的根拠のある手法を用いて検討した。

②処理ではケースごとに処理施設の設置の制約条件（たとえば庁舎連携ケースでは臭気問題など）に対して、設備の配置や構造を考慮して設計をし、また発酵物の性状に合わせて施設設備（機械選別機、発酵設備）を最適化することで、より現実の計画策定に近い精度で詳細に計算を行った。

③利用利用先を考慮した上で各ケースを設定している。まずは省エネルギーとして利用施設のZEB化を検討した上で、庁舎と下水処理施設でのエネルギー利用を検討した。さらに、「新たな価値を生み出す」という観点から、熱エネルギーの農業ハウス利用と電気自動車利用を検討した。加えて、エネルギーではなく「物」として利用の観点から消化液の利用を対象地域特性を考慮して検討を行った。

以上、生活系バイオマスの適正処理と利用を「収集運搬」から「処理」、「利用」までを一気通貫で本章では取り扱った。ケーススタディを行った条件設定および検討方法・計算方法は、なるべく一般化されるよう記載したため、他事例に対しても応用が可能であると考える。

2.4　第2章のまとめと展望

2.4.1　まとめ

本章では、生活系バイオマスとして市民から排出された生ごみと事業系の生ごみを、地域の核となる拠点つくり、すなわちバイオマスコミュニティをプランニングするため、本章執筆に参加する企業の知見に基づき、BGPを行政庁舎隣に建設するケースと、既存インフラ施設の用地に建設するケースを設定し検討を行った。検討の結果、BGPで生み出されたエネルギーがEV車や地域に根差した農業ハウスに有効に利用できることが確認でき、グリッドシティモデルでは、生ごみ分別によって収集車両が増加しても、システム全体では温室効果ガスの削減が期待できることがわかった。このグリッドシティモデルは他分野への応用の可能性（除雪車両、物流・宅配等）も考えられる。BGPに搬入されるバイオマスがエネルギーとして生まれ変わり、単なる廃棄物ではなく、地域内における人々の生活に有効に利用できることが改めて認識することができた。より身近なところでエネルギー利用が実感できることで、生活系バイオマスは今後地域内でエネルギーを作り出すものとして再認識され、人々がより持続可能な社会づくりの推進に寄与できると考えられる。

2.4.2　今後の展望

本章のケース設定では、消化液は全量利用とし庁舎に隣接して全量貯留とした。利用の方法については選択肢を設定しなかったが、現地の状況と合わせ、貯留箇所を農地などへ分散して経済的は貯留方法を検討するなど今後行うとより検討の精度が上がると思われる。人々の協力による生ごみ分別と機械分別の比較において、同じ時系列での定量的な評価に留めているが、生ごみの分別については、生ごみメタン発酵によるリサイクルでのCO_2削減や、エネルギーの創出を浸透させるための啓発としては有効と考えられる。一方、一定の労力の負荷を住民に与え続けることや高齢化や地域の人口が減少していく局面においては、機械分別は有効と考えられるため、第１章で触れたように、今後地域に根差したコミュニティの形成の検討が望まれる。また、今回は事業主体の検討を行っていないが、新たな雇用の創出や防災の拠点となるBCPについて、行政の直営・民営・PFI事業など誰が運営して、コミュニティをつくるのかを具体的な検討することにより、実現性が増すものと考えられる。

本章で設定した各ケースでは、分別された生ごみについて市域を超えて、BGPに搬入する案を採用しているが、今後は人びとにとってはバイオマスが、廃棄物ではなくエネルギーとして捉えられることにより、BGPのあるところは単なる廃棄物処理場ではなく、エネルギーが生み出される地域の拠点としての議論と合意形成が必要となると予想される。

第2章　参考文献

1）古市徹、石井一英：エネルギーとバイオマス～地域システムのパイオニア～、環境新聞社、2018
2）財団法人畜産環境整備機構、メタン発酵消化液の水田利用および堆肥の燃焼利用マニュアル
3）Masanobu Ishikawa：A Logistics Model for Post-Consumer waste Recycling、Journal of Packaging Science & Technology、Vol.5、No.2、pp119-130、1996
4）総務省統計局：e-Stat政府統計の総合窓口 国勢調査2015年3次メッシュ（1kmメッシュ）
5）廃棄物収集運搬車両の低公害化に係る調査検討会：平成23年度 廃棄物収集運搬車両の低公害化に係る調査結果報告書、2012
6）経済産業省北海道経済産業局：北海道の石油製品（灯油、ガソリン、軽油）の価格・月末在庫量）、閲覧日2021年7月27日、https://www.hkd.meti.go.jp/hokno/touyu/index.htm
7）北海道庁計画局統計課：第127回（令和２年）北海道統計書　１土地面積（2）市区町村別地目別面積、閲覧日2021年7月27日、https://www.pref.hokkaido.lg.jp/ss/tuk/920hsy/20.html
8）環境省：一般廃棄物処理実態調査結果　平成30年度調査結果、2020
9）藤井 実、村上進 亮、南齋 規介、橋本 征二、森口 祐一、越川 敏忠、齋藤 聡：家庭容器包装プラスチックごみの収集と運搬に関する評価モデル、廃棄物学会論文誌、Vol.17、No.5、pp331-341、2006
10）国土交通省土地・建設産業局：令和２年３月から適用する公共工事設計労務単価表、2020
11）環境省総合環境政策局：温室効果ガス総排出量算定方法ガイドラインVer. 1.0、2017
12）国土交通省気象庁HP、閲覧日2021年5月1日、https://www.jma.go.jp/jma/index.html

第３章　農業系バイオマスコミュニティプランニング

3.1　農業系バイオマスの地域での利活用

3.1.1　農業系バイオマスの必要性

本章では農業系バイオマスとして、家畜ふん尿や稲わら、資源作物を対象として、実際の酪農地域でのバイオマスの利活用の現状さらには将来に向けたケーススタディを行った。ケーススタディを通して、農業系バイオマスの価値を定量的に評価することを目的とした。

3.1.2　各ケーススタディの特徴と設定条件の考え方

本章では**表3.1-1**に、各ケーススタディで検討したバイオマスと特徴を示す。本章ではバイオガスプラントをBGPとした。

表3.1-1　各ケーススタディの特徴と対象バイオマス

	対象バイオマス	ケーススタディの特徴
ケーススタディ①：酪農専業地域における既存バイオガスプラント事例の効果解析		
	家畜ふん尿	酪農業が盛んな地域。BGP導入前、BGP導入中、将来（FIT終了後）の経済性、環境効果、地域への効果を検討
ケーススタディ②：畑酪地域におけるバイオガスプラントモデルの環境・経済解析		
	家畜ふん尿	酪農業と耕種農業が盛んな地域。BGP導入前、BGP導入中、将来（FIT終了後）の経済性、環境効果、地域への効果を検討
ケーススタディ③：稲わらなどの農業残渣の利活用システム構築		
	稲わら、もみ殻	耕種農業が盛んな地域。バイオマスを活用したゼロカーボンシティへの検討
ケーススタディ④：酪農地域での新規牛ふんバイオガスプラント群の導入		
	家畜ふん尿、生ごみ	BGPが地域計画として導入されていない地域への適応方法の検討
ケーススタディ⑤：資源作物ジャイアントミスカンサスを用いた酪農地域の脱炭素化		
	資源作物	資源作物の栽培・利用による酪農地域の脱炭素化の効果を検討

ケーススタディは「できる限り現地・現状に則した検討を実施する」という観点から、現地ヒアリングや利用可能な場合には現地実測データ

を中心に条件設定を行った。そのため、各ケーススタディ事に設定した係数に若干の差異があるが、最終的な算出結果が現実的な許容範囲であることを確認の上、本章では記載している。

3.2　酪農専業地域における既存バイオガスプラント事例の効果解析

3.2.1　対象地域の特徴

表3.2-1に対象とした北海道内Ａ町とＡ町に行政主導で導入されたBGPの概要を示した。

Ａ町は酪農業と漁業が基幹産業であり、耕種農業は盛んではない。BGPは産業振興を目的にＡ町が所有し、生産したバイオガスによる発電事業は家畜ふん尿を共有する酪農家によって運営されている。尚、ケーススタディはＡ町の統計データ、Ａ町並びに酪農家へのヒアリング情報を基に行った。

表3.2-1　Ａ町BGPの概要

自治体	人口：4000 人 基幹産業：酪農業、漁業
BGP	事業形態：公設公営 受入量：38 ton/ 日 形式：中温湿式メタン発酵 発酵槽：1650 m^3 滞留日数：30 日間 発電：170kW 発電機× 1 基 熱：発酵槽加温利用 売電：FIT 売電 20 年間） 残渣： 　固分　戻し堆肥敷料 　液分　液肥として牧草地散布

3.2.2　評価範囲および評価項目

（１）評価項目と評価軸

当地域では、酪農業を核とした地域の活性化が図られてきたが、FIT終了を見据えたBGPのあり方について考える必要がある。そこでBGP導入前の「過去」、BGP導入後の「現在」、FTI終了の「将来」を評価時点とした。評価軸は、「経済性」、「酪農地域環境への影響・効果」、「地域への効果」とした。

（２）評価範囲

経済性等の評価に当たり、Ａ町内のBGP関連施設を地域内、Ａ町外の施設等を地域外としている。地域内には「BGP」「酪農家」「下水処理場」「食品加工場」「住民生活」、地域外には「製材業」「飼料生産者」「肥料生産者」「一般送配電会社」が含まれる（**図3.2-1**を参照）。

（３）BGP導入前後での物質の流れ

図3.2-1にBGP導入前後での酪農地域内外での物質の流れを示す。

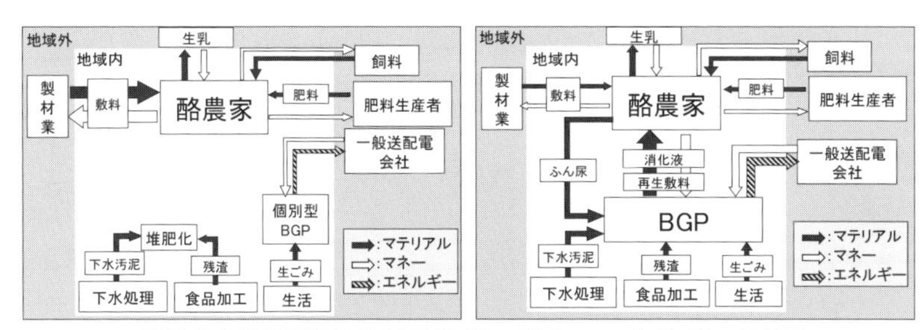

図3.2-1 BGP導入前後の物質、資金、エネルギーの流れ
（左：導入前、右：導入後）

BGP導入前は、酪農家は町外の製材業者と飼料製造業者からそれぞれ敷料と濃厚飼料を購入している。また、A町内で発生していた下水汚泥および食品加工業から発生する残渣を民間堆肥化施設にて、コンポスト化している。家庭から排出する生ごみは個別型BGPに投入・管理してFIT売電してる。BGP導入後では、酪農家はこれまでの敷料に加えBGPから戻し堆肥敷料を購入し利用している。消化液は酪農家に還元されている。BGPにはふん尿に加え、BGP導入前に個別に処理されていた生ごみなどが投入されている。酪農家はBGP利用料（消化液利用料を含む）をBGPに支払いふん尿を処理してもらっている。

3.2.3　経済性評価

（１）評価方法

BGPと酪農家の２つの事業主体から見た経済性、さらに2つを合わせ酪農地域内外へ資金の流出入の算出を検討した。BGP事業の経済性では、BGP事業収支を基に事業継続性の評価を行った。酪農家の経済性ではBGP導入前後の飼育・ふん尿処理・飼料作物栽培におけるコスト比較を行った。

BGP事業の経済性：A町へのヒアリングを行い、BGP建設整備事業に係る費用（補助を含む）、およびBGP導入開始４年目までのBGP単年度事業収支、さらに投入物量および性状、バイオガス量および性状、電力量（発電、売電、自家消費）、熱量（発熱量、熱利用量）等の月別BGP運転管理記録より整理し、それらを基本とし、"事業収支の検討項目（畜産系バイオマス）"[1]を参考に現状（FIT売電期間中）、将来（FIT売電期間後）の経済性を評価した。なおFIT終了後の将来では事業採算性の確保が困難になる[2]ことが予想されるため、事業開始20年以降は**表3.2-2**に示す３つの試算条件で検討した。ケース１は現状の設備をそのまま維持管理し続け、ケース２は、20年目に熱電併給設備を熱回収ボイラーに変更し、売電ではなく熱としてエネルギー共有をするものとした。ケース３では発電・熱回収ではなく、メタンガスとして売却し収益を得るものとした。

表3.2-2　BGP事業の経済性評価の設定条件

条件	事業開始～20年目	21年目以降
ケース１	FIT（39円/kWh）による売電 当初設備の償還	20年目に現状設備のまま売電（10円/kWh）
ケース２		売電なし・20年目にCHP設備を熱回収ボイラーに変更し、熱利用（軽油価格換算※）
ケース３		売電なし・メタンガスとして売却

※軽油の熱量（38.2 MJ/L）と価格（132.7円/L）より算出

酪農家の経済性：地域や事業主体が異なればBGP運営形態が異なり、同時に酪農家とBGPとの経済的つながり方も異なる。A町の酪農家とBGPの資金の流れをヒアリングにより明らかとしたうえで、酪農事業者側から見た事業収支を算出した。

（２）BGP事業の経済性

表3.2-3に単年度BGP事業の経済性評価、**図3.2-2**に事業開始から35年間の事業収支をケースごとに示す。

表3.2-3　BGP事業の経済性評価（単位：千円/年）

項目			現状	将来*		
				ケース１	ケース２	ケース３
I	a. 建設費		892,946	0	18,000	0
	b. 補助費		318,324	0	0	0
	c. 実質建設費		574,622	0	0	0
II	a. 収入		57,604	19,780	21,748	22,659
		①売電収入	49,944	12,120	0	0
		②熱販売収入	0	0	14,088	0
		③戻し堆肥敷料販売収入	1,174	1,174	1,174	1,174
		④ BGP 利用料収入	6,469	6,469	6,469	6,469
		⑤消化液一般販売収入	17	17	17	17
		⑥メタンガス販売収入	0	0	0	15,000
	b. 支出		53,047	27,155	21,765	19,955
		① BGP 運転管支出	22,869	22,869	16,669	15,669
		②減価償却費（20 年計算）	25,858	0	810	0
		③支払い金利	34	0	0．1	0
		④租税公課	110	110	110	110
		⑤一般管理費	4,175	4,175	4,175	4,175
	c. 毎年キャッシュフロー**		30,415	-4,375	793	2,705

* 当初プラント建設費は償還済み。新規施設導入のみ a. 建設費に計上。

対象施設は公設公営であり、FIT売電期間で施設の償還をすることとしており、事業として黒字を求めてはいない。**図3.2-2**にあるようにFIT終了20年目で累積事業収支がプラスに転じ、それまでに事業収益として計上されない特徴が見えた。FIT終了後について3つのケースを検討したところ、ケース１については売電価格の低下によりキャッシュフローはマイナスになり、事業24年目以降で累積事業収支がマイナスになるこ

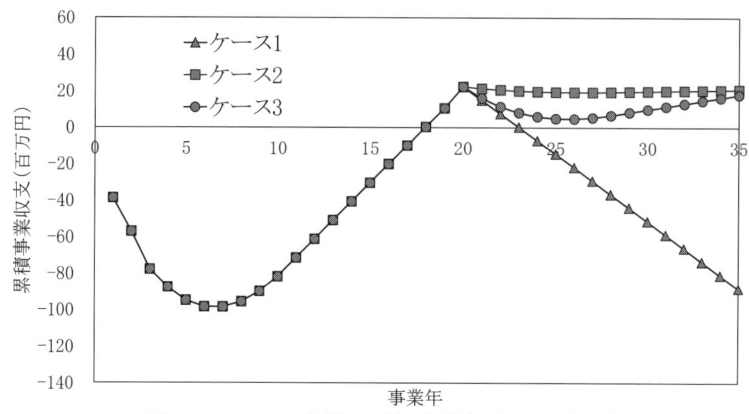

図3.2-2　BGP事業の累積事業収支（35年間）

とが計算された。ケース２では新規に熱ボイラー（熱回収率85%）を導入することで、発酵槽加温等の施設内利用後（施設内熱損失20%）の余剰熱量6,030 GJ/yearが回収可能であることが計算された。回収熱量を軽油熱量価格3.5円/MJで売却するとした場合、FIT終了後の累積事業収支はプラスで維持されることが明らかになった。しかし、今回の試算には、回収熱の直接利用先の確保やBGPから離れた場所での利用する場合に輸送の難しさは考慮していないため、事業化の際には留意する必要がある。ケース３ではメタンガス売却により15,000千円/年の収入を得ることで、**図3.2-2**に示すように経済性が保たれることが計算された。これはＡ町BGPのメタンガス発生量より計算すると、約48円/m^3-CH_4に相当する。現在、メタンガス主成分の自動車燃料CNG（約78.34～91.94円/m^3）価格[3]から大きく外れてはいなく、今後期待されるメタンガスの改質・利用技術[4]の現場導入を考える際の一つの経済的指標となるといえる。

（３）酪農家の事業性

表3.2-4に酪農家から見た経済性の結果を示す。BGP導入前後では約10,000千円の経費削減効果が見込まれた。特にBGP導入後の消化液が肥

料成分として機能することで、化学肥料購入が抑制されたこと、さらに戻し堆肥敷料の購入による敷料購入費の削減が要因となった。

表3.2-4　酪農家から見たBGPを取り巻く経済性

項目	単価［円／t］	BGP 導入前収支		BGP 導入後収支	
		数量［t］	費用［千円］	数量［t］	費用［千円］
化学肥料購入	90,000	426	38,365	279	25,149
BGP 利用料*	400	0	0	14,122	5,649
消化液散布	500	0	0	13,967	6,984
敷料購入	7,500	808	6,063	500	3,748
戻し堆肥敷料購入*	4,900	0	0	191	936
ふん尿処理コスト	600	13,762	8,257	0	0
合計		−	52,685	−	42,466

*実績より算出

（４）経済性から見たBGP事業の課題と解決

FIT終了後のBGP自体の位置づけによりその経済性は変わってくるといえる。FIT終了後に思い切って、電気ではなく熱またはメタンガスを資源と考える方法も一つではないかと考える。しかし、熱は需要先が近隣に必要であり、メタンガスは輸送方法の問題やこれからの技術に頼るところであり、不確定要素ととらえることもできる。今後の技術革新の動向を見つつ、柔軟な方向転換が可能なように準備が必要である。

3.2.4　酪農地域環境への影響・効果

（１）評価方法

物質フローの解析：評価範囲内で移動する物の品目（ふん尿、牧草、敷料、発電量など）と物質移動量を明らかにした。A町のBGP導入の前年をBGP導入前、最新の年間データが取得できた令和元年度をBGP導入後として実績データ整理し、欠損するデータは統計データを基に按分した。

炭素循環の解析：物質に含有して移動する炭素と大気中へ放出される

炭素を評価対象とした。各物質に含まれる炭素含有量（全炭素と有機炭素）を文献により設定し、炭素含有量と物質移動量の積で炭素移動量を算出した。CO_2とCH_4を大気中へ放出される炭素とし、運搬輸送、処理、発電工程での排出量を算出した。各排出量に温暖化係数を乗じることでGHG排出量として評価した。

窒素循環の解析:炭素循環と同様の方法で窒素移動量を明らかにした。NH_3とN_2Oを大気放出される窒素とし、各工程での排出量を算出した。N_2Oに温暖化係数を乗じ、GHG排出量として評価した。

（2）BGP導入による炭素循環の変化

図3.2-3にBGP導入前、**図3.2-4**にBGP導入後の炭素循環（ton-C/year）を示す。炭素循環の中で、CO_2とCH_4として排出された量を**表3.2-5**にまとめる。BGP導入によりCO_2の増加とCH_4の減少が計算された。CO_2の増加要因としては、BGP導入前には土壌へ投入されていた有機炭素がBGP導入後はプラントにてメタンガスに変換されエネルギー源として発電に利用されることにより大気放出されたことによる。一方、CH_4の削

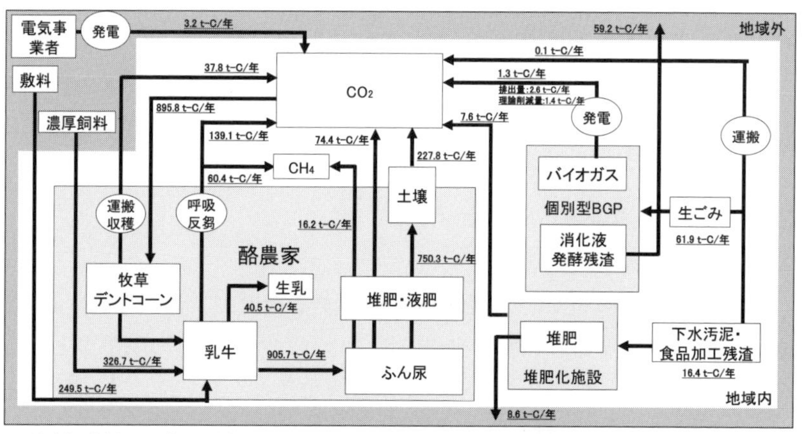

※理論削減量は既存の電力・熱を、BGPでの発電量・熱量で代替した時の炭素量とした

図3.2-3　BGP導入前の炭素循環

減要因としては、尿溜め・スラリーピットでのばっ気処理の減少が挙げられた。それぞれの増減が最終的にGHGとして167.7 ton-CO_2/year分の削減につながった。

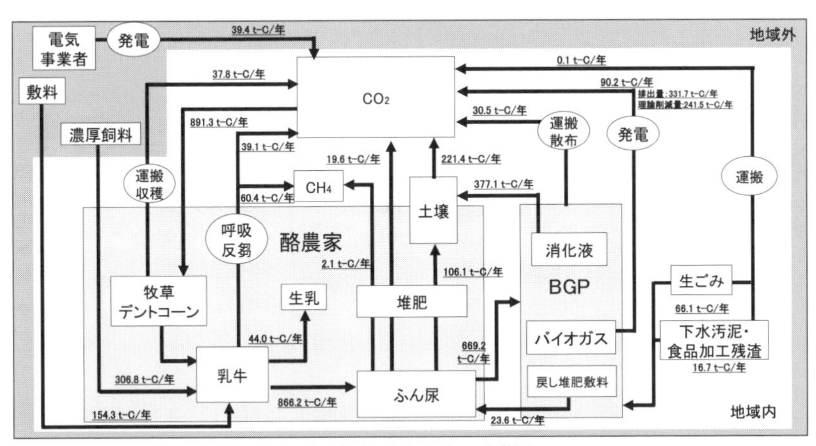

※液肥とはふん尿・スラリーのばっ気処理後のものを指す
※個別型BGPとBGPは別の施設である

図3.2-4　BGP導入後の炭素循環

表3.2-5　炭素移動量とGHG排出量

項　　目	BGP導入前	BGP導入後	導入変化
CO_2排出量［t-CO_2/年］	1801.5	2119.0	317.5
CH_4排出量［t-CH_4/年］	102.6	83.2	－19.4
GHG排出［t-CO_2/年］	4363.4	4195.7	－167.7

（3）BGP導入による窒素循環の変化

図3.2-5にBGP導入前、**図3.2-6**にBGP導入後の窒素循環（ton-N/year）を示す。**表3.2-6**に窒素の地下への溶脱量およびNH_3としての大気揮散量、N_2Oに由来するGHG排出量を示す。

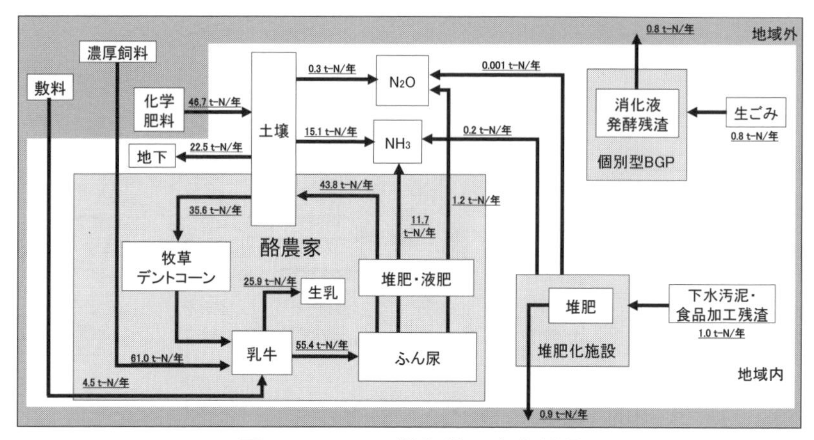

図3.2-5　BGP導入前の窒素循環

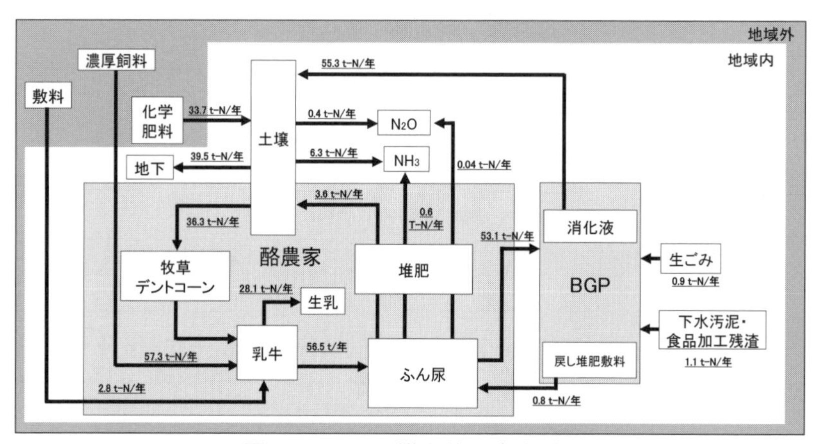

図3.2-6　BGP導入後の窒素循環

表3.2-6　窒素移動量とGHG排出量

項　　目	BGP導入前	BGP導入後	導入変化
地下溶脱量［ton-N/年］	22.5	39.5	16.9
NH_3大気放出量［ton-NH_3/年］	25.2	8.4	－16.8
GHG排出量［t-CO_2/年］	1351.6	444.7	－906.9

BGP導入前後で、地域外からの敷料購入による流入がBGP導入前後で約半分になった。NH_3ではBGP導入前後で25.2（NH_3/year）から8.4（NH_3/year）に低下しており、BGPの臭気対策としての効果を示している。地下溶脱量がBGP導入前後で溶脱量が増加していた。N_2O由来のGHG排出量は導入前後で約900 ton-CO_2/年の削減効果が期待できた。これは液肥化処理とBGPの差が要因と考えられる。

（４）将来における酪農地域環境の課題

フリーストール牛舎やロボット牛舎などの飼養技術の向上、ロータリーパーラーなど効率的な搾乳技術の進歩に伴い、酪農業の大規模化、飼養頭数の増加が将来予想される。しかし、牧草地などの酪農に利用可能な土地には制約があるため、飼養技術が進歩したとしても環境負荷の側面から飼養頭数には限界がある。特に、A町のように耕種農業などの酪農分野以外での消化液の受け入れ先がない地域条件の場合は、注意が必要である。今回の試算で、BGPにより窒素の循環が変化し、臭気除去や脱炭素という面で効果が確認されたが、地下溶脱のように環境への影響がゼロになるわけではない。したがって、今後予想される増頭が系内への物質流入を増やし、結果として地域環境への負荷につながることを念頭に置く必要がある。

3.2.5　地域への効果

（１）評価方法

BGP利用酪農家と行政担当者にヒアリング調査を行った。BGPを導入したことによって変化した項目について直接情報を得た。調査方法として、Asaiら[5]の研究で行われているMental modelに基づくヒアリングを参考にした。BGP導入による効果について、対象者から意見をもらった後、「牛ふん尿処理の変化」「酪農業の運営の変化」「プラントから発生する資源の活用」「費用および財政について」「エネルギーに関する変化」

「導入に対する意義およびモチベーションの維持」「町の変化」という点について意見をもらった。最後に、情報整理で得た知見の補強および追加として、BGPと酪農業および行政とがどのように関係しているか、地域が持つ課題とBGPがどのように関係するかについてヒアリングした。

（2）BGP導入が地域にもたらす効果・価値

BGPがA町の酪農地域へもたらす効果を**図3.2-7**に示す。A町では液肥の散布やふん尿処理で発生する臭気の対策と牧草地の維持が急務であり、BGP導入でそれらの解決が期待されていた。ヒアリングにより臭気由来の苦情の低下が明らかになった。これは**表3.2-6**に示したNH_3排出削減とも一致する。一方で消化液の散布で牧草地環境の改善効果については、気候などの環境因子の影響が大きく、ヒアリングは明確な効果を聞くことはできなかった。

図3.2-7に示すようにBGPは当初期待していた効果以上の、幅広い効果があることが見られた。例えば、A町ではBGP運転管理のため新規雇

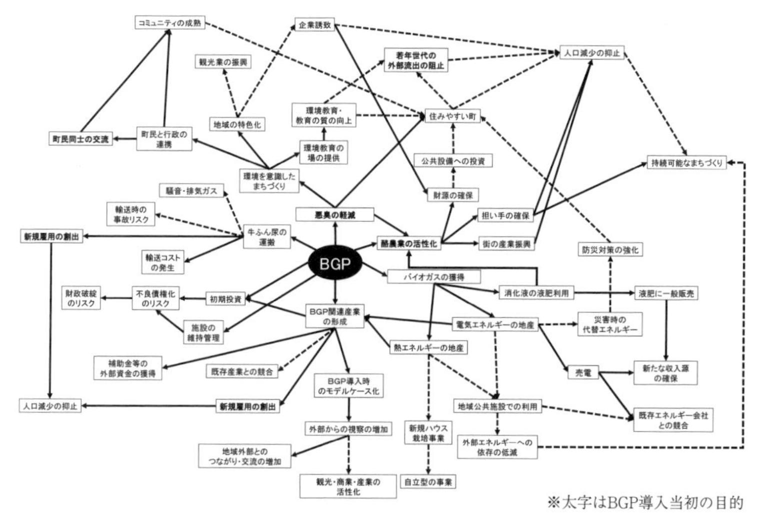

※太字はBGP導入当初の目的

図3.2-7　BGPが酪農地域に与える効果

用が生まれている（**表3.2-3**のBGP運転管理費に計上）。さらにBGPが起点となり、環境教育や環境関連の補助金申請などの副次的な効果も見られた。また、酪農業の基盤整備としてBGPをとらえると、BGP導入は基幹産業の強化となり財政の安定化に効果が期待できる。

（３）将来におけるBGP導入による新たな価値

Ａ町のBGPのように、公設公営の施設の場合には、経済性のみに注視するのではなく、地域への貢献を含めてBGP自体の価値を評価する必要がある。経済性評価において、FIT売電終了後の事業収支の維持の難しさが明らかになったが、地域環境や住民生活の保護・維持という、公設公営であるからこそ、従来の事業採算性だけではない評価軸をもってBGPの必要性を考えるべきである。

3.2.6　まとめと展望

今回対象とした地域で稼働しているBGPの最大の特徴は、公設公営という点である。地方都市において一産業がその地域の産業のほとんどを担っているケースは少なくなく、今回の対象地域はそれが酪農業であった。すなわち地域の基幹産業である酪農業を「守る」という政策は、直接的に「地域を維持し守っていく」ということにつながり、その結果BGPの公設公営が成立する。さらに、一般的に行政が一産業に注力することは忌避されるが、公共衛生・産業維持・環境教育といった幅広い価値（新たな価値）を生み出すBGPは、単なる「ふん尿処理施設」にとどまらない意義を持つため、このような運営形態のBGPも一つの形であるといえる。BGPはFIT売電に頼らないと成り立たない、と指摘されるように事業採算という点のみでBGPを評価するのではなく、ここで検討したようにバイオマスの地産地消（経済性）、地域内での脱炭素（環境影響）、地域への効果（新たな価値）といった視点を加えて、総合的にBGPを検討すべきと考える。

3.3 畑酪地域におけるバイオガスプラントモデルの環境・経済解析

ここでは酪農と耕種農業が盛んな地域の農業システムを参考に酪農地域モデルを構築し、ふん尿処理量100 t /日（発電量約300 kW）のバイオガスプラント（BGP）5基導入のケーススタディを行うことで、導入価値と課題を検証し将来に向けた提案を行う。なお、BGP導入価値は経済性、環境、地域への効果の3つの観点から評価した。

3.3.1 酪農畑作地域モデル条件

B町ではBGP導入前から、耕種農家は酪農家が生産した堆肥を活用して作物を栽培し、酪農家は耕種農家から出る麦わらを敷料として家畜飼育に活用する耕種連携の取り組みが有るものとする。BGP導入後はふん尿処理方法の変化に加え、酪農作業のアウトソーシングも図られたことから、ふん尿の運搬、処理、消化液散布、飼料作物栽培を委託する形式に変化した。この酪農システムの変化について次の条件（1）ふん尿処理システム、（2）飼料作物栽培システムでモデル化し検討を行った。

（1）ふん尿処理システム

モデル地域の家畜飼育頭数とふん尿排泄量、BGP導入前後のふん尿処理方法を**表3.3-1**のように設定する。ふん尿処理方法は固液分離、堆肥化、メタン発酵の3つを考える。固液分離とは牛ふんと敷料を合わせた原料の発酵と尿の曝気処理を行い堆肥と液肥を生産する方法、堆肥化はふん尿と敷料を合わせた原料の発酵により堆肥を生産する方法、メタン発酵はふん尿と敷料及び洗浄水等を合わせた原料をBGPでメタン発酵処理し、消化液と再生敷料を生産する方法である。

BGP導入後のモデル地域のふん尿処理方法は、スラリー状で処理が難しい乳牛（経産牛）のふん尿の一部をBGPで処理し、プラントで処理しきれない分のふん尿については従来通りの処理方法とした。

表3.3-1　モデル地域の酪農システム

牛種	飼育頭数[頭]	排泄量[kg /頭・日]		BGP導入前			BGP導入後			
				処理方法	肥料発生量[t/年]		処理方法	肥料発生量[t/年]		
					堆肥	液肥		堆肥	液肥	消化液
乳牛（経産）	10,000	糞	50	固液分離	88,999	149,168	固液分離	34,061	57,089	–
		尿	15				メタン発酵	–	–	145,269
乳牛（育成）	8,248	糞	16	堆肥化	61,207	–	堆肥化	61,207	–	–
		尿	7							
肉牛（経産）	10,000	糞	18	堆肥化	77,306	–	堆肥化	77,306	–	–
		尿	7							
肉牛（育成）	9,084	糞	16	堆肥化	67,441	–	堆肥化	67,441	–	–
		尿	7							
合計	37,332	–		–	294,923	149,168	–	239,986	57,089	145,269

（２）飼料作物栽培システム

モデル地域では堆肥・液肥・消化液と化学肥料を使用し、3,000haで牧草を、2,000haでデントコーンを栽培している。土壌成分など栽培条件は農家ごとに異なるため、ここでは北海道施肥ガイド[6]や各種肥料成分情報[7、8、9]をもとに町全体の施肥設計を**表3.3-2**、**表3.3-3**ように一律に設定した。

表3.3-2　牧草栽培の施肥設計

No	項目	単位施肥量[kg / 10a]	単位施肥量中有効量［kg］			施肥面積［ha］		総施肥量［t］	
			N	P	K	導入前	導入後	導入前	導入後
①	堆肥	2,000	3.85	5.82	17.56	1,135	0	22,708	0
	化学肥料 A	70	10.5	4.2	3.5			795	0
	合計	—	14.35	10.02	21.06			—	—
②	液肥	8,000	4.79	2.79	13.19	1,865	714	149,168	57,089
	化学肥料 B	65	9.75	7.05	6.25			1,212	464
	合計	—	14.54	9.84	19.44			—	—
③	消化液	6,000	6.32	3.84	18.72	0	2,286	0	137,183
	化学肥料 C	45	8	6.2	1			0	1,029
	合計	—	14.32	10.04	19.72			—	—

表3.3-3　デントコーン栽培の施肥設計

No	項　目	単位施肥量 [kg/10a]	単位施肥量中有効量 [kg]			施肥面積 [ha]		総施肥量 [t]	
			N	P	K	導入前	導入後	導入前	導入後
①	堆　肥	2,000	1.92	11.65	21.94			40,000	36,766
	化学肥料D	90	12.6	12.6	7.2	2,000	1,838	1,800	1,654
	合　計	—	14.52	24.25	29.14			—	—
②	消　化　液	5,000	6.2	4.8	19.5			0	8,086
	化学肥料E	60	8.5	15	4.6	0	162	0	97
	合　計	—	14.7	19.8	24.1			—	—

（３）検討方法

本検討では、上述のような酪農システムと飼料作物の施肥設計、飼養標準[10、11]を基にした飼料設計、その他家畜の飼育・糞尿処理過程で発生するガス[12]や敷料[13]、生乳[14]、ふん尿の量・組成[15、16]等のデータから、地域内の炭素・窒素循環モデルを構築し、また、物資循環に伴い変化する資金の流れについてヒアリングや文献調査から算出することでBGPの導入による経済・環境・地域への効果を定量化し検討・評価した。

3.3.2　経済性評価

経済性はプラント事業者と酪農家それぞれの視点から検討した。プラント事業はBGPの事業収支をもとにした事業継続性評価を行い、酪農家はBGP導入前後の飼育・ふん尿処理・飼料作物栽培におけるコスト比較を行った。

（１）プラント事業の経済性

プラント事業者の経済性について、売電量2,247 MWh/年、消化液販売価格100円/ｔ、再生敷料販売価格1,000円/ｔ、原料購入費100円/ｔを基本とし、①Ｂ町モデル（運転維持費8.8万円/kW、売電単価を20年目まで39円/kWh 、以降10円/kWh)、②一般モデル（運転維持費9.8万円/kW[17]、売電単価を20年目まで39円/kWh、以降10円/kWh)、③非FITモデル（運転維持費8.8万円/kW、売電単価10円/kWh）の3条件でBGPのキャッシュフローを計算し、その結果を**図3.3-1**に示す。

①B町モデルでは複数のBGP運用によるスケールメリットや効率的運用により運転維持費を抑制しているため、安定した事業継続が可能と考えられる。一方、②一般モデルの場合、安定した事業継続は困難であるため、FIT後を見据えた消化液や再生敷料の価格設計や地域新電力会社と協力した電力の固定価格買取といった対策を行う必要がある。また、FIT売電が難しい場合、運転維持費を抑制しても、導入コストの回収ができず、安定した事業継続は困難と考えられる。

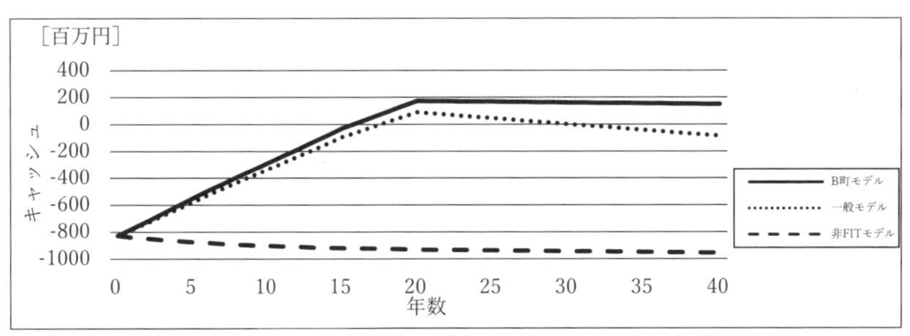

図3.3-1　BGPのキャッシュフロー（1基）

（2）酪農家の経済性

酪農家の経済性はBGP導入前後で変化する部分を抽出し**表3.3-4**に整理した。飼料作物栽培の消化液活用に伴い化学肥料使用量が削減されるが、消化液購入・散布委託費用が新たに発生するため、栽培コストは増加するものと考えられる。一方で、おが粉等の敷料を再生敷料に切り替えることで大幅なコスト削減が可能となる。ふん尿処理コストは委託費用が掛かるものの、ふん尿販売で収益を得られるため削減される。

以上から、BGPの導入により地域の酪農家全体で約1.34億円/年のコストダウンとなる。ただし、すでに耕種連携により堆肥と敷料交換が進んでいる農家よりも、敷料コストが大きい耕種連携未実施の農家の方が、得られるメリットは大きいと考えられる。

表3.3-4　BGP導入前後の畜産農家事業収支変化

区分	項　目	単　価 [円／t]	BGP導入前収支		BGP導入後収支	
			数量[t]	費用[千円]	数量[t]	費用[千円]
支出	化学肥料購入	90,000	3,807	342,630	3,244	291,960
	消化液購入	100	0	0	145,269	14,527
	消化液散布委託	500	0	0	145,269	72,635
	敷料購入	7,500	21,345	160,085	0	0
	再生敷料購入	1,000	0	0	21,345	21,345
	ふん尿処理コスト	600	159,969	95,981	0	0
	ふん尿運搬委託	500	0	0	159,969	79,985
収入	ふん尿販売	100	0	0	159,969	-15,997
	収支合計（支出額）		−	598,696	−	464,455

（3）地域経済の考察

酪農と耕種農業が盛んな地域にBGPを導入した結果、酪農家、プラント事業者ともに経済的なメリットを享受できる。酪農家は肥料や敷料のように域外への資金流出となる支出が減少し、消化液の購入や散布委託、ふん尿運搬のように域内の資金循環となる支出が増加する。一方、プラント事業者の収益はFIT売電への依存が大きく、また、収益の多くを設備投資の回収・維持管理に費やしている。このように、BGPによる地域への経済効果は、肥料等で域外流出していた酪農家支出の削減等を原資にする部分が大きいと考えられる。

3.3.3　環境への影響

環境効果は対象地域のBGP導入前後の炭素循環と窒素循環を比較し、環境負荷のGHG排出量、窒素溶脱量について評価を行った。

（1）炭素循環

対象地域におけるBGP導入前後の炭素循環を**図3.3-2**、**図3.3-3**に、二酸化炭素（CO_2）とメタン（CH_4）これらを含むGHG総排出量を**表3.3-5**に示す。BGP導入に伴い、乳牛（経産牛）のふん尿の一部をBGPで処理し、外部から供給されていた電力を地域内で賄う形に変化した。これによりCH_4排出量は896 t 減少したが、CO_2排出量は乳牛のふん尿発酵や域外の発電由来の排出量24,332 t が減少したものの、バイオガス発電に伴う排出量24,967 t の増加により625 t 増加する結果となった。これはメタン発酵の有機物分解効率が堆肥発酵と比べ高く、堆肥として土壌滞留されていた炭素をCO_2として放出するためである。ただし、バイオガス発電と発酵に伴うCO_2排出量はGHG排出の算定対象外であり、また、CH_4の温室効果はCO_2の25倍と高いことから、炭素循環から見たBGP導入によるGHG排出量削減効果は6,028 t-CO_2/基となると考えられる（**表3.3-5**参照）。

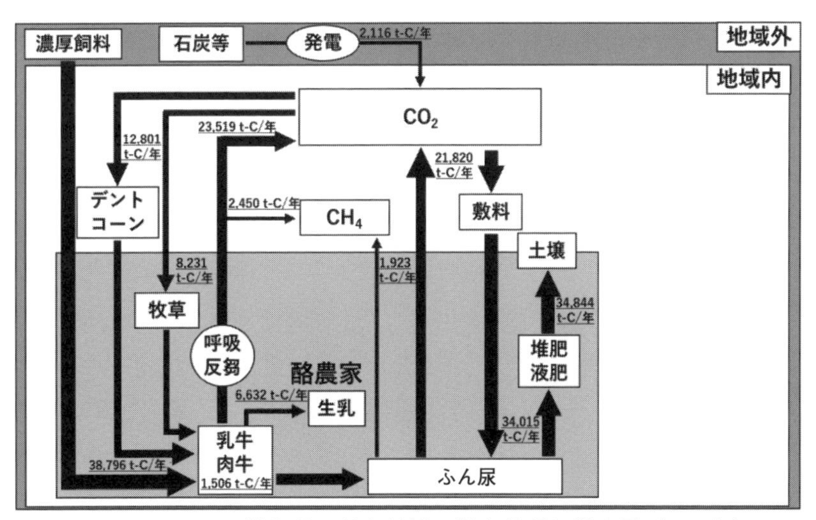

図3.3-2　BGP導入前の対象地域の炭素循環と炭素量（t-C/年）

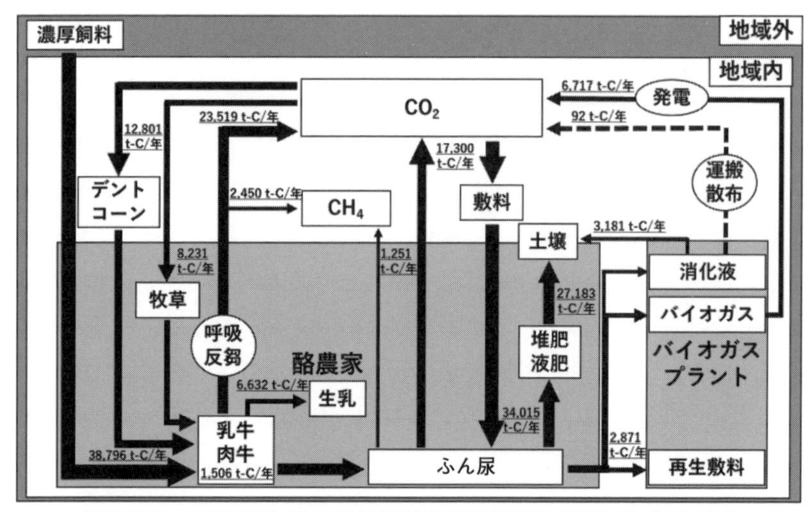

図3.3-3　BGP導入後の対象地域の炭素循環と炭素量（t-C/年）

表3.3-5　CO_2とCH_4収支及びGHG排出量

項　　目	BGP導入前	BGP導入後	導入効果
CO_2排出量［t/年］	－27,837	－27,202	625
CH_4排出量［t/年］	5,831	4,935	－896
GHG排出量［t-CO_2/年］	155,424	125,284	－30,140

（2）窒素循環

窒素循環を検討するにあたり、中村らの報告[18]と井原らの報告[19]を参考に施肥により土壌に供給される窒素の挙動を**表3.3-6**の値と仮定し、対象地域におけるBGP導入前後の窒素循環を**図3.3-4**、**図3.3-5**に、窒素溶脱量とGHG排出量を**表3.3-7**に示す。BGPの導入に伴い、乳牛（経産牛）のふん尿の一部をBGPで処理し、発生した消化液を施用することで、域外由来の化学肥料、堆肥・曝気スラリーの使用量を削減する形に変化した。それに伴いGHGの一種である亜酸化窒素（N_2O）排出量は化学肥料の揮散、乳牛のふん尿発酵、堆肥・曝気スラリー由来の排出量23.9 t の減少、消化液施肥による排出量2.9 t の増加により21.0 t 減少することになった。N_2Oの温室効果はCO_2の298倍となっていることから、BGP導入によるGHG 排出量削減効果は1,252 t-CO_2/基になると考えられる。

一方で窒素溶脱量は年間54 t 増加し、土壌吸着量は216 t 減少する結果となった。これは、堆肥と消化液の施用時の窒素挙動の差に起因する。

以上の窒素挙動は実験データに基づいた数値であり、土壌や作物種、天候による影響等、挙動に関して判明していないことも多いことから、評価精度向上のために今後も調査・検討を行う必要がある。

表3.3-6　施肥中の窒素挙動

肥料種	植物吸収［%］	土壌滞留［%］	地下溶脱［%］	大気揮散［%］
化学肥料	32	13.39	46	8.61
堆肥	11	82	2	5
液肥（消化液）	27	22.29	44	6.71

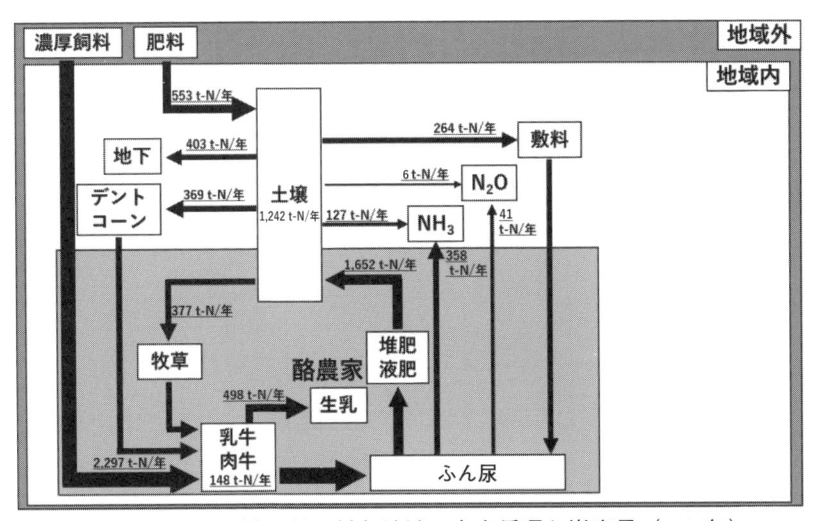

図3.3-4　BGP導入前の対象地域の窒素循環と炭素量（t-N/年）

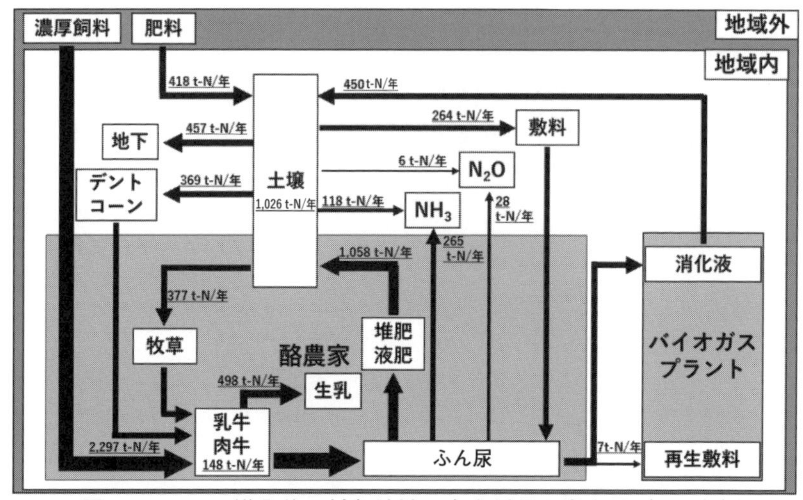

図3.3-5　BGP導入後の対象地域の窒素循環と炭素量（t-N/年）

表3.3-7　BGP導入前後の窒素溶脱量とGHG排出量

項目	BGP 導入前	BGP 導入後	導入効果
窒素溶脱量［t/ 年］	403	457	+ 54
GHG 排出量［t-CO_2/ 年］	21,996	15,735	− 6,261

3.3.4　その他のBGP導入効果

BGP導入効果の中には経済効果や環境効果のように定量化可能な効果の他に、定量化が難しい地域への波及効果が見られる。ここでは、この波及効果について酪農家及び地域全体の２つの視点から検討した。

（１）酪農家への効果

BGP導入が酪農家に与える影響について**図3.3-6**に整理した。酪農事業拡大のネックであったふん尿処理課題解決に留まらず、様々な副次効果を得られたことが確認できる。ふん尿処理のアウトソーシングにより業務量低下、余暇時間が創出され、これらの効果により担い手不足への対策や更なる事業拡大、副業による収益拡大が期待できる。なお、直接的な経済的メリットについては3.3.2.（２）を参照。また、消化液は肥料効率の高い有機肥料であるため、施用することで飼料作物の収量増加、品質向上の効果があり、牛の健康リスクの低下につながる。

一方で、事業拡大を行うとふん尿適正処理の視点から、BGPの増設が必要となる。合わせて、消化液利用場所の確保も課題となるため、将来的には耕種農家による消化液利用を通じた課題解決を行い、畑作物の収量増加、エネルギー作物による脱炭素への取り組み拡大へ寄与することを期待したい。

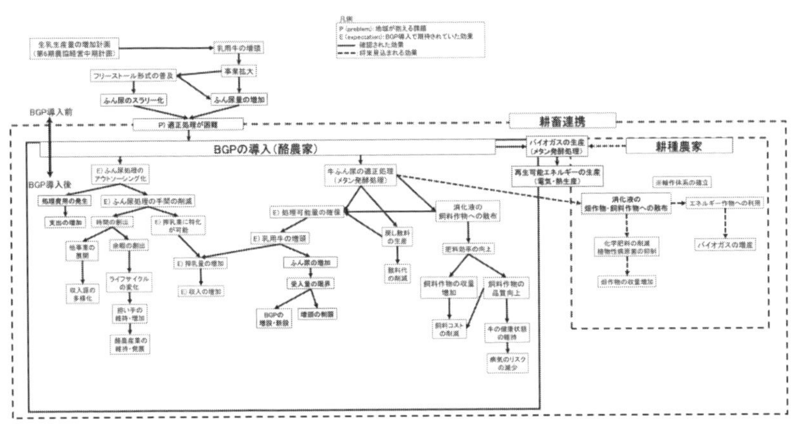

図3.3-6　農家に対するBGP導入効果

（２）地域全体への効果

BGPが地域内に与える影響について**図3.3-7**に整理した。BGP導入が地域に与える効果は、BGP関連産業の形成による雇用創出や家畜増頭による地場産業の振興、さらにエネルギーの地産地消・脱炭素化による環境負荷の低減、臭気問題解決による地域のイメージや住民生活レベルの向上、企業誘致や観光振興など広範囲に及ぶ。このような地域資源に基づく地域振興は全国的な課題である人口減少の抑止、持続可能な町づくりへつながるため、BGPの導入は地域の明るい将来を描く上で高い効果があると考えられる。

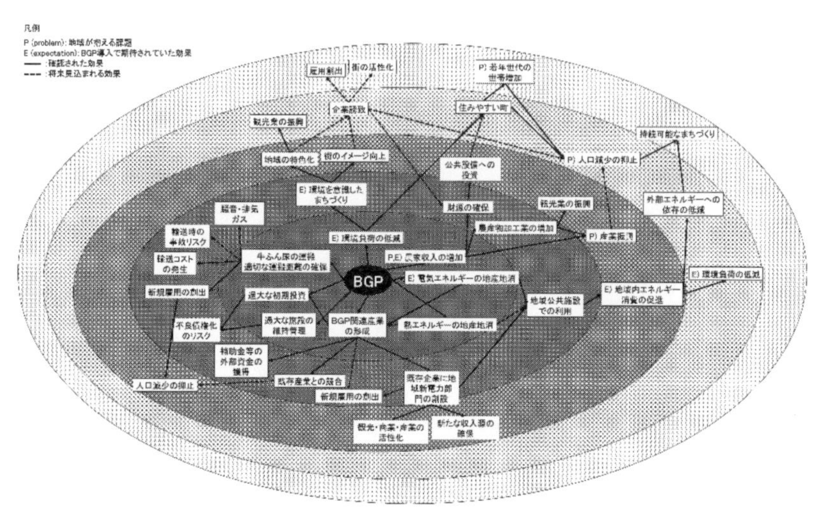

図3.3-7　農家に対するBGP導入効果

3.3.5　まとめと提言

酪農と耕種農業が盛んなB町では、BGPを導入した結果、酪農家、プラント事業者ともに経済的なメリットを享受できており、アウトソーシングや地域内資源活用増加による、地域経済の活性化効果も確認できた。

ただし、BGPの収益による地域経済への効果は限定的で、肥料等で域外流出していた酪農家支出の削減等を原資とした効果が大きい。

物質循環から見た環境への作用としてGHG排出量36,401 t-CO_2の削減と窒素溶脱量54 t の増加が確認された。また、炭素・窒素の多くが家畜の飼料として地域内に流入しており（**図3.3-2** ～**図3.3-5**の農耕飼料の数値を参照）、その対価として多くの資金が域外に流出している。この域外流出資金を地域発展の新たな原資とするため、域内における自給飼料の生産量増加を提案したい。飼料生産量の増加は、域内資金循環量の増加だけでなく、増頭した家畜の飼料確保、今後課題となると考えられているBGP増設に伴い増加する消化液の散布場所の確保、雇用創出などの効果が期待できる。加えて、物質循環の観点から見て、地域の二酸化炭素吸収量増大、牛ふん尿から排出される窒素量の削減も期待できる。

3.4　稲わらなどの農業残渣の利活用システム構築

3.4.1　南幌町のバイオマスを含む再生可能エネルギーによるエネルギー賦存量及びエネルギー利用状況

2007年における南幌町のバイオマスを含む再生可能エネルギーによるエネルギー賦存量は、電気17,809 MWh、熱413,241 GJであり[20]、それに対してエネルギー利用量は電気38,701 MWh、熱743,998 GJであることから、バイオマス資源をすべてエネルギーとして利用した場合においても、町内で使用するエネルギーの全量を賄うことはできない状況にある（**表3.4-1**参照）。

表3.4-1　南幌町エネルギーバランス[20]

エネルギー種	エネルギー賦存量			エネルギー使用量		
電気	太陽光	13,245	MWh		38,701	MWh
	大型風車	733				
	小型風車	8				
	雪	3,072				
	氷	751				
	計	**17,809**		計	**38,701**	
熱	太陽熱	54,861	GJ	灯油	205,036	GJ
	稲わら	197,145		重油	96,334	
	もみ殻	41,460		LPG	19,960	
	野菜等非食部	77,992		ガソリン	83,240	
	し尿	17		軽油	339,428	
	産業廃棄物	2,801				
	温度差	38,965				
	計	**413,241**		計	**743,998**	

3.4.2　稲わらのバイオマス利用

（1）利用可能なバイオマス

南幌町の再生可能エネルギーの賦存量のうち、稲わらは現状8割が田畑にすき込みされているが、有害物質の発生や栄養分不足の原因となることから、有効な処分方法が望まれている。また、稲わら以外の再生可能エネルギーは、自然条件に左右されやすく、収集・利用方法が確立されていないことから、現状自治体が主体的に事業を進めていくことが可能なエネルギー種は稲わらとなる。

（2）稲わらの利用

1）　現状の利用と問題点

南幌町では、稲わらの有効利用の目的から2011年より町営温泉施設（なんぽろ温泉ハート&ハート）で２基のバイオマスボイラーを導入し、稲わらのエネルギー利用を図ってきた。しかし、現在10年が経過しているが、**表3.4-2**に示すような種々の問題点により稲わらの利用は進まず、利用推進のためには問題解決が必要となっている[21)]。また、ペレットストーブによる暖房利用も町営温泉施設や町役場、民間施設、一般家庭等で図られてきたが、灯油に比べコストが高いことや、灰出しやストーブ

表3.4-2　稲わら利用における主な問題点

作業項目	問題点
ペレット製造	圃場からの稲わら搬出が困難（農業者の繁忙、長雨等の天候に左右）
	稲わらペレットの価格が重油より高い
	稲わらの乾燥に期間ががかる
ボイラー運転	重油ボイラーとの併設のため、重油ボイラーの運転が優先される（ペレットボイラーを停止してしまう）
	タールが熱交換器に付着し運転に支障をきたす
	クリンカーが多量発生し運転に支障をきたす。このため稲わらペレットと木質ペレットを１：１で使用することが必要
	維持管理の手間が重油に比べかなり大きい（コスト増）
	燃焼灰が多く、灰の利用方法が少ないため保管や処理が困難

の清掃に手間が掛かるなどの理由から普及は限定的となっている。

稲わらペレットを燃料として使用可能なボイラーを**表3.4-3**に示す。現在国内には稲わらペレット専用のボイラーは存在しない。このため稲わらペレットの燃焼は汎用のバイオマスボイラーを改良して使用するのが一般的である。

表3.4-3　稲わらペレット使用可能ボイラー

メーカー等	A社	B社	C社	D社	E社（南幌温泉）	F社
定格出力	56kw	50kw 300kw	116 ～ 580kw	70 ～ 1,300kw	407kw	58kw
燃料使用量 kg/h	11.2	10.0 6.0	23.2 ～ 16.0	14.0 ～ 260	81.4	11.6
着火方式	手動	自動	手動	自動	手動	手動
燃焼室構造	固定床	燃焼バーナー	固定床＋回転ロストル	移動床	固定床＋回転ロストル	回転炉式燃焼バーナー
灰出	手動	自動	手動	自動	手動	自動
木質以外の実績	バーク 竹 籾がら 稲わら	長いも 剪定枝 小豆がら	稲わら	バーク廃菌床	稲わら	籾がら 小麦くず ビートパルプ
高灰分の対応	燃焼温度の制御	燃焼室の灰の攪拌	回転ロストルとクリンカー除去装置	移動床とボイラー制御	回転ロストル	回転炉
概算建設費（推定）百万円	23	20 ～ 120	47 ～ 232	28 ～ 520	163	23

※札幌市における草木類ペレット等の製造及び公共説等に向けた実行可能性調査業務報告,2017.3より作成

稲わらを含め草本類は灰分が多く、クリンカーが発生するとの問題があり、固定床タイプのボイラーでの燃焼は困難である。このため、**表3.4-3**に示したような汎用ボイラーに別途灰出し機能やクリンカー対策設備を設置するなどの改良と、これに対する維持管理の工夫と体制を整えることが必要である。

南幌町営温泉では、固定床タイプのボイラーのロストルを回転式とし

灰をロストルから落とす工夫や、稲わらペレットと木質ペレットを1：1の割合で混合燃焼させるなどの対策でクリンカー発生の抑制を行っているが、燃焼灰が多量に排出されるため、その処理に多大な労力が必要となっている。また、ペレットストーブの利用においても、稲わらペレットと木質ペレットを1：9で混合燃焼させることによりクリンカーの発生が抑えられており、ペレットストーブの普及が進んだとしても稲わらの利用にはあまり寄与できないのが実状である。

２）普及可能性の検討及びCO_2削減量

稲わらペレットを公共施設及び家庭へ用いた場合の普及可能性について検討を行った。

①　公共施設へのペレットボイラー設置

南幌町の公共施設へペレットボイラーを設置した場合の、ペレット使用料、燃料費削減金額及びCO_2削減量を整理した。

ａ）公共施設でのエネルギー使用量及び稲わらペレット代替量

「H29（2017）年度南幌町地球温暖化対策実行計画進捗状況報告書」（以下、「温暖化対策実行計画報告書」という）に記載の公共施設のうち、暖房施設を有している17施設についてペレットボイラーの設置を想定した。これら施設は出先機関等を含めた全ての組織及び施設を対象としている。

温暖化対策実行計画報告書ではこれら施設において使用している電気使用量、Ａ重油量、灯油量及びLPガス量からCO_2排出量を算定している。このうち、電気以外はすべて熱エネルギーであり、各施設において暖房に使用していることから、ペレットストーブへの置き換えが可能と想定した。

2017年度の各燃料におけるCO_2排出量から燃料使用量及びエネルギー使用量を求めた。その結果、燃料使用量はＡ重油426 kL、灯油76 kL、LPガスは6,000 kgであり、エネルギー使用量はＡ重油16,600 GJ、灯油は2,800 GJ、LPガスは305 GJであった。

表3.4-4　南幌町における公共施設のエネルギー使用量およびペレット代替量

施設名	CO_2排出量（kg－CO_2）			使用量			使用エネルギー量（MJ）[稲わらペレット代替量（t）]		
	A 重油	灯油	LP ガス	A 重油	灯油（L）	LP ガス(kg)	A 重油	灯油	LP ガス
役場庁舎	70,460	2,094	537	26,000	841	179	1,016,600 [6.7]	30,863 [2.0]	9,093 [0.6]
夕張太ふれあい館	–	16,812	–	–	6,752	–	–	247,791 [16]	–
南幌町保健福祉総合センター	227.64	–	–	84,000	–	–	3,284,400 [216]	–	–
南幌町総合保安センター	–	6,917	31	–	2,778	10	–	101,949 [6.7]	525 [0.03]
柳陽団地集会場	–	1,394	–	–	560	–	–	20,546 [1.4]	–
中央公園管理棟	–	–	–	–	–	–	–	–	–
リバーサイド遊友館	–	1,444	–	–	580	–	–	21,283 [1.4]	–
南幌町ふるさと物産館（ビューロー）	35,230	–	4,296	13,000	–	1,432	508,300 [33]	–	72,746 [4.8]
南幌町農業農村整備事業推進本部	–	4,539	7,308	–	1,823	2,436	–	66,900 [4.4]	123,749 [8.2]
南幌小学校（旧みどり野小学校）	162,600	139	24	60,000	56	8	2,346,000 [155]	2,049 [0.1]	406 [0.03]
南幌中学校	130,080	68,054	–	48,000	27,331	–	1,876,800 [124]	1,003,045 [66]	–

表3.4-4　南幌町における公共施設のエネルギー使用量およびペレット代替量（つづき）

施設名	CO_2 排出量（$kg\text{-}CO_2$）			使用量			使用エネルギー量（MJ） [稲わらペレット代替量（t）]		
	A 重油	灯油	LP ガス	A 重油	灯油（L）	LP ガス(kg)	A 重油	灯油	LP ガス
南幌町生涯学習センター	–	83,891	–	–	33,691	–		1,236,466 [81]	–
三重レークハウス	–	–	–	–	–	49	–	–	2,472 [0.2]
学校給食センター	170,730	–	146	63,000	–	1,594	2,463,300 [162]	–	80,975 [5.3]
スポーツセンター (町民プール含む)	249,320	3,337	4,782	92,000	1,340	–	3,597,200 [237]	49,184 [3.2]	–
農村環境改善センター	70,460	–	–	26,000	–	–	1,016,600 [67]	–	–
消防支署	36,585	–	918	13,500	–	306	527,850 [35]	–	15,545 [1.0]
	1,153,105	188,621	18,042	425,500	75,751	6,014	16,637,050 [1,096]	2,780,077 [186]	305,511 [20]

※ CO_2 排出量は、「H29（2017）年度南幌町地球温暖化対策実行計画進捗状況報告書」より引用した。
2．二酸化炭素排出係数は、重油 2.71 $kg\text{-}CO_2/L$、灯油 2.49 $kg\text{-}CO_2/L$ 及び LP ガス 3.00$kg\text{-}CO_2/kg$ とした。
3．単位使用量当たりの発熱量は、A 重油 39.1MJ/L、灯油 36.7 MJ/L 及び LP ガス 50.8MJ/kg とした。

また、Ａ重油、灯油及びLPガスの使用エネルギーは暖房が主であることから、ペレットボイラーへ代替した場合の、使用ペレット量を算定した。その結果、ペレットボイラーへ代替した場合Ａ重油は1,100ｔ、灯油は186ｔ、LPガスは20ｔの稲わらペレットを使用することになり、合計1,300ｔとなる。町内で利用可能な稲わらは7,368ｔ/年[21]であることから、18%程度が消費されることになる。エネルギー使用量及びペレット代替量を**表3.4-4**に示す。

ｂ）燃料費及びCO_2削減量

Ａ重油、灯油及びLPガス使用による燃料費を求めた。各燃料の単価、使用量及び燃料費を**表3.4-5**に示す。2017年度は、Ａ重油約3,100万円、灯油約620万円、LPガス約120万円の燃料費がかかっており、その結果計3,800万円の内の原材料費等が地域外へ流出していたことになる。

表3.4-5　燃料購入費用

燃料	単価		使用量		燃料費（円）
Ａ重油[22]	72.8	円/L	425,500	L	30,976,400
灯油[23]	81.2	円/L	75,751	L	6,151,014
LPガス（冬場）[24]	712	円/m^3	6,014	Kg	1,223,419
				計	38,350,834

※LPガス換算3.5kg/m^{3F}

また、温暖化対策実行計画報告書[25]で公表している2017年度の各公共施設におけるCO_2排出量は、Ａ重油1,153 t-CO_2、灯油191 t-CO_2及びLPガス18 t-CO_2の計1,362 t-CO_2であった。全施設においてペレットボイラーを設置した場合、これらCO_2量が削減可能となる。

②　家庭へのペレットストーブ設置

南幌町の家庭へペレットボイラーを設置した場合の、ペレット使用料、燃料費削減金額及びCO_2削減量を整理した。

a）家庭でのエネルギー使用量

一戸建てにおいてペレットストーブが設置可能と想定し、2020年1月1日における南幌町の一戸建て個数は約3,500戸（南幌町）であることから、家庭へのペレットストーブ設置可能数は3,500個とした。家庭における「暖房」のエネルギー使用量は、1世帯の年間エネルギー使用量を2,131千kcal/世帯/年とした場合、8.9 GJ/世帯/年となる[23]。

ペレットストーブ設置可能数が3,500戸であることから、ペレットストーブ設置世帯数における、暖房の年間エネルギー使用量は、以下となった。

8.9 GJ/世帯×3,500世帯 ＝ 31,177 GJ/年

b）稲わらペレット代替量

ペレットストーブ設置可能3,500世帯において、暖房をペレットストーブへ代替した場合の使用ペレット量は2,054 t となり（**表3.4-6**）、稲わらの賦存量のうち町内で利用可能な量は7,368 t /年[26] であることから、28%程度が消費されることになる。

表3.4-6　稲わらペレット代替量（家庭）

用途	3,500 世帯の エネルギー使用量（GJ/年）	ペレット代替量（t）
暖房	31,177	2,054

※稲わらペレットの発熱量 15.18 MJ/kg[21]

c） CO_2削減量

南幌町の一戸建て3,500戸で暖房に使用するエネルギー量は31,177 GJ/年であり、これを灯油で賄った場合、CO_2発生削減量は46,585 t（31,177 GJ/0.0678（t-CO_2/GJ)）となる。

③　稲わらペレット使用にかかるコスト

ａ）ペレットボイラー設置費用

なんぽろ温泉ハート&ハートに設置したペレットボイラーの設置金額を**表3.4-7**に示す。

表3.4-7　ペレットボイラー設置金額

金額（円）	備考	参考文献
90,048,000 助成額（85,000,000）	２基	21
49,318,500 4,072,950 計 53,391,450	ペレットボイラー＆配管 その他ペレット関連設備	27

ｂ）ペレットストーブ設置費用

ペレットストーブの販売金額を**表3.4-8**に示す。しかしながら現在は販売を行っていない。

表3.4-8　ペレットストーブ販売金額

製造会社	規格	金額（円）
金子農機㈱製造	ＶＥＬ９３０－Ｓ７ａ	285,000
	ＶＥＬ－８０Ｈ（排気筒セット）	44,200
	計	329,200

出典）南幌町資料
※諸元（金子農機㈱製造　ＶＥＬ９２６、木質ペレット）
暖房出力　3.4～8.4 ｋＷ（2930～7300 kcal）
消費電力　運転時　128 Ｗ、点火時　398 Ｗ
タンク容量　15 kg（８時間で15 kgの木質ペレット消費）

ｃ）　ペレット購入費用

表3.4-4で挙げた公共施設の暖房にペレットボイラーを使用した場合の使用ペレット量は、Ａ重油の代替として1,096ｔ、灯油の代替で186ｔ、LPガスの代替で20ｔとなり、合計1,302ｔの稲わらペレットを使用する

と推計した。

一方、南幌町が試算した稲わらペレット単価[21]を用いて上記の稲わらペレット量を使用した場合の費用を計算した。その結果を**表3.4-9**に示す。稲わらペレットの単価はペレット製造に加えて保管に費用がかかることから、保管費用のかからない農家・農業法人が収集・運搬・保管を行うケースが最も単価が低くなり、そのケースのみ燃料を購入するよりもペレットを購入した方が安価となった。また、各燃料の購入費用より安価となる単価は、A重油で28円/kg、灯油で34円/kg、LPガスで61円/kgとなり、最大7円程度下げる必要がある。

表3.4-9　稲わらペレット使用費用

条件		稲わらペレット						燃料
		JAなんぽろコントラクタが収集し、農家・農業法人が搬出等		農家・農業法人が収集・運搬		農家・農業法人が収集・運搬・保管		
		補助なし	1/2 補助	補助なし	1/2 補助	補助なし	1/2 補助	
単価（円 /kg）[26]		35.4	31.8	34	30.2	31.2	27.5	
A 重油代替	万円	3,880	3,485	3,722	3,314	3,419	3,012	3,097
灯油代替	万円	657	590	630	561	579	510	623
LP ガス代替	万円	71	64	68	61	63	55	122
計（万円）		4,608	4,139	4,420	3,936	4,061	3,577	3,843

※単価はペレット生産 2,000 t / 年規模の値である。

（3）南幌町における稲わら利用方策の検討

1）大規模バイオマス発電

稲わら利用が進まない理由には、ボイラー等の運転に専属の維持管理が必要なことがある。この課題解決の方策として農業系バイオマスを大量に一括処理できる大規模な火力発電所を提案する。大規模化することにより、町営温泉施設等の小規模な個別利用に比べ低コストで専属の維持管理体制をとることが可能となる。この発電所で発電した電気は、自営線による電力ネットワークを作り、町役場庁舎とその他公共施設や町営町内循環電動バス、町民の電気自動車（EV)、プラグインハイブリッド車（PHV）の充電に利用する（**図3.4-1**)。特に電気自動車の充電は、町民に無料または格安で提供することで、稲わらバイオマス電力による電気自動車の町づくりを実現し、町全体でのバイオマス利用の意識向上を図ることを目指すものである。

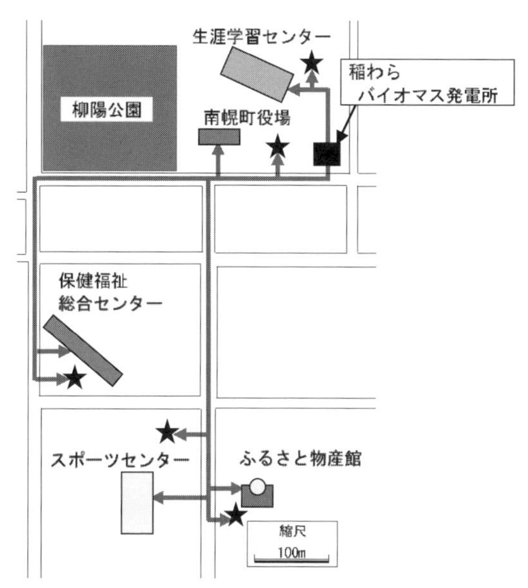

図3.4-1　稲わらバイオマス大規模発電のイメージ図

この計画の検討結果を**表3.4-10**に示す。必要電力量から算定した必要な稲わらバイオマス量は年間で約14,000 t となり、南幌町での稲わら、籾がら、麦わら等の最大の年間調達可能量が22,452 t [20] であることから、バイオマスによる大規模発電は実施可能と判断する。

表3.4-10　稲わらバイオマス大規模発電所計画の検討結果

検討項目	試算結果	備考
電力供給対象	①公共施設（町役場など5施設） ②町内循環電動バス（1台*） ③町民電気自動車（約3,500台**）	町内循環バスは週2回運行（現状）
バイオマス利用量	13,754 t/年	最大の年間調達可能量 22,452 t/年（稲わら、籾がら、麦わら）[20]
発電量	6,876,994 kWh/年	－
発電出力	1,330 kW	設備利用率 60％
可能発電出力	2,100 kW（日発電量 30,750kwh）	原料を最大調達する場合の試算

* 年間走行距離　約 30,000 km（推定）
** 全世帯数からの推定

2）ボイラー等の小規模熱利用とその効果

北海道芽室町の事例を参考に、小型ボイラーを用いた小規模熱利用の可能性について検討を行った。

芽室町　シニアワークセンター

芽室町では平成24年度に北海道「一村一エネ事業」を用いてバイオマスボイラーを導入し、発生熱を花の育苗ハウスに利用している。それまでは灯油ボイラーを用いていたが、廃棄物として処理していた剪定枝をペレット化して利用することで、バイオマスの地域内循環を進めている。その結果、木質ペレットの生産量が50％増加して雇用の創出が図られ、シニアワークセンターが育苗施設で育てた花の苗が町内会等で利用される等、地域コミュニティの活性化にも繋がっている。

しかし、木質ペレットの購入費が高く、バイオマスの利用が重要であるが、町への明確な効果がはっきり見えないことが課題となっている。

稲わらペレットは木質ペレットに比べてクリンカーが発生しやすいこ

とが知られている。このクリンカによる燃焼阻害は、ボイラーの構造改善や木質ペレットとの混合により、技術的にある程度解決されてきている。例えば、**表3.4-3**に示したF社の回転炉式の小型ボイラーが近年開発されており、稲わらなどの灰分が多いバイオマスであってもクリンカによる影響を最小限にできることが報告されている。一方、南幌町の主要作物は水稲、小麦及び大豆であることから、熱を利用して栽培する農作物は少なく、小型ボイラーの利用においては熱利用の需要先を確保することが課題である。

3.4.3　ゼロカーボンシティ

（1）南幌町のバイオマス賦存量及び炭素排出量

2007年における南幌町のエネルギー使用におけるCO_2発生量は、電気18,963 t-CO_2/年、熱 45,660 t-CO_2/年であり、それに対して再生可能エ

表3.4-11　南幌町CO_2バランス（t-CO_2/年）[20]

<table>
<tr><th>エネルギー種</th><th colspan="2">再生可能エネルギー使用による
CO_2削減量</th><th colspan="2">エネルギー使用による
CO_2発生量</th></tr>
<tr><td rowspan="6">電気</td><td>太陽光</td><td>6,490</td><td colspan="2" rowspan="5">18,963</td></tr>
<tr><td>大型風車</td><td>212</td></tr>
<tr><td>小型風車</td><td>4</td></tr>
<tr><td>雪</td><td>751</td></tr>
<tr><td>氷</td><td>184</td></tr>
<tr><td>計</td><td>7,641</td><td>計</td><td>18,963</td></tr>
<tr><td rowspan="8">熱</td><td>太陽熱</td><td>3,725</td><td>灯油</td><td rowspan="2">20,569</td></tr>
<tr><td>稲わら</td><td>13,386</td><td>重油</td></tr>
<tr><td>もみ殻</td><td>2,815</td><td>LPG</td><td>1,194</td></tr>
<tr><td>野菜等非食部</td><td>5,296</td><td>ガソリン</td><td>425</td></tr>
<tr><td>し尿</td><td>1</td><td>軽油</td><td>4,509</td></tr>
<tr><td>産業廃棄物</td><td>190</td><td></td><td></td></tr>
<tr><td>温度差</td><td>2,646</td><td></td><td></td></tr>
<tr><td>計</td><td>28,059</td><td>計</td><td>45,660</td></tr>
</table>

ネルギー使用によるCO_2削減量は電気7,641 t-CO_2/年、熱 28,059 t-CO_2/年であることから、現状のバイオマスをすべて利用した場合においても、CO_2発生量はゼロとはならない。このことを踏まえ、ゼロカーボンに向けた検討を行った。

（2）ゼロカーボンに向けたメニュー

ゼロカーボンに向けての方策は、1）化石燃料から得ているエネルギーの再生可能エネルギーへの変換、2）省エネルギー化、3）二酸化炭素量の固定が考えられる。

1） 化石燃料から得ているエネルギーの再生可能エネルギーへの変換

① バイオマス発電及びコージェネレーション

ゼロカーボンシティを達成するためには、化石燃料から得ているエネルギーの再生可能エネルギーへの変換が必要であり、その方策として稲わら等によるバイオマス発電所が重要となる。前述した稲わら等によるバイオマス発電所の提案では、町役場を含む公営施設5施設と町内循環バス、町民電気自動車の充電に電力供給が可能であることを示した。また、発電で発生する熱エネルギーを利用することも可能である（コージェネレーション）。一般にコージェネレーションによる（廃）熱利用は総エネルギーの20～25％[28]であり、**表3.4-10**に示したバイオマス利用量13,754 t から算定される熱供給量は、送熱ロスを見込んでも約20,000 GJ/年あるとみられる。この量は、**表3.4-4**に示した公共施設のエネルギー使用量（A重油＋灯油）19,417 GJ/年を賄うことができる熱量である。

また、これらバイオマス発電によるCO_2削減量を算出すると**表3.4-12**の結果となる。

表3.4-12　バイオマス発電によるCO_2削減量

項　　目	CO_2削減量（kg-CO_2）	備　　考
発電	4,133,073*	発電量 6,876,994kWh/ 年
熱供給	1,359,768**	コージェネによる供給

* 北海道電力 2019 年度 CO_2 排出係数 0.601kg-CO_2/kWh より算出
** 南幌町における公共施設エネルギー使用量」より

②　自動車の電動化の可能性検討（CO_2削減量試算、購入補助案の検討）

前述した大規模バイオマス発電の検討では、全町民の自動車を対象に行い、南幌町で生産するバイオマス量で必要電力量を発電できることがわかった。全町民の自動車を電動化し、その必要電力の全量に稲わらなどのバイオマス発電を利用することは、世界的に見ても非常に珍しく注目的な施策といえる。これを成功させるためには、インセンティブとして充電の無料化や割引、自動車購入時の国に加えた町独自の補助が必要となる。また、町を活性化させる施策として、南幌町内に観光等の来町者を誘導するために南幌町産米購入者に電気自動車充電割引クーポンを発行するなど、稲わらバイオマス発電をPRすることも有効である。

③　現状の太陽光発電量

「南幌町エネルギーバランス（**表3.4-1**）」で示した太陽光のエネルギー賦存量13,245 MWh/年は、2007年公表時の戸建て住宅、共同住宅及び公共用の土地・建物に設置した場合（共同住宅を除く）の合計量を示しており、戸建て住宅と共同住宅の賦存量は12,436 MWhとなっている。2019年1月末現在の南幌町における太陽光発電認定済事業計画の発電量の推計は、**表3.4-13**に示すように5,269 MWhであり、40％程度の設置率となっている。

表3.4-13　太陽光発電　認定済事業計画発電出力数

項　　　　目		備　　　　考
認定済事業計画発電出力数[29]	3,142 kW	2021 年 1 月 31 日 時点
年間日照量[30]	1676.5 h	江別市の 2000 ～ 2020 までの平均値
発電量	5,269 MWh/年	認定済事業計画発電出力数 ×年間日照量

2）省エネルギー化

ここでは、実際にバイオマスから生み出されたエネルギーをどのように利活用することができるかレジリエンス強化型ZEBの導入の検討を行う。

南幌町のハザードマップを確認すると、役場庁舎中心部は洪水災害に関して安全なエリアとなっている。よって、役場庁舎をレジリエンス強化型ZEB化した場合について検討する。

表3.4-14に南幌町の役場庁舎を含む公営施設5施設におけるZEB技術を用いた場合の使用エネルギー量と稲わらバイオマス発電による創エネルギー量を示す。これにより、余剰エネルギー量は電気で6,579,473 kWh、熱で16,021,359 MJとなり、その他の公共施設への供給も可能と考える。

表3.4-14　ZEB技術を用いた公営施設*の使用エネルギー量と
稲わらバイオマス発電による創エネルギー量の比較

エネルギー種	使用エネルギー量 ZEB 技術の有無		創エネルギー量	余剰エネルギー量
	無[25]	有		
電気（kWh）	743,803	297,521	6,876,994	6,579,473
熱（MJ）	9,804,852	3,921,941	19,943,300	16,021,359

* 公営施設は、役場庁舎、南幌町保健福祉総合センター、南幌町ふるさと物産館、南幌町生涯学習センター及びスポーツセンター（町民プール含む）を示す。

３）炭素固定能力の増強のための方策

一般的に水田はCH_4の主要な発生源となっている。これは湛水時期に土壌が嫌気状態となり有機物が嫌気分解されることに起因する。これを受けて農林水産省では農地土壌に係る温室効果ガス削減対策として、稲わらのすき込みから堆肥施用への転換等による水田からのメタン削減を掲げている。一方で、我が国の農地土壌には表層30 cmに約4億ｔの炭素が貯留されていることから、適切な農地土壌管理を行うことで地球温暖化防止策になり得るとしている。

図3.4-2に南幌町の水田からのCO_2排出量及び固定量を示す。水田面積から稲を栽培することによる年間のCO_2固定量は201,845 tCO_2/年となるが、その後、地上部の籾米と稲わらは刈り取られ、地下茎は土壌中に残存することから、実質固定量は152,595 tCO_2/年となる。水田からのCO_2排出量は34,237 tCO_2/年であるため、稲の栽培によるCO_2固定量の方が多くなるが、稲わらを農地にすき込む場合は、地上部の稲わらによる固

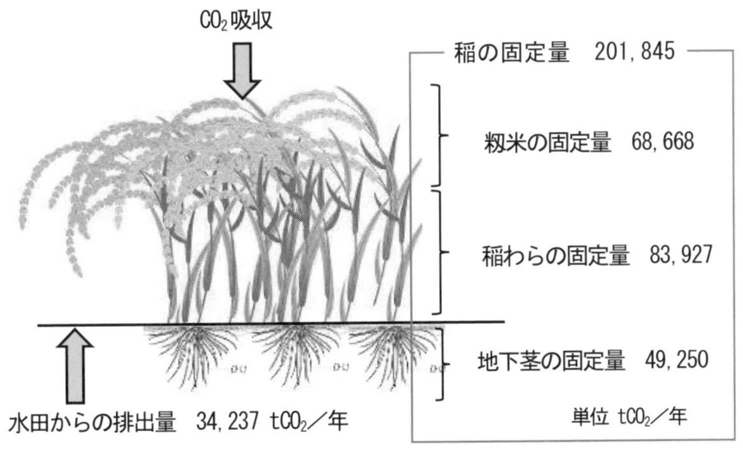

図3.4-2　南幌町の水田におけるCO_2排出・固定量

* 稲の固定量は「衛星利用型光合成モデルによる日本の水稲のCO_2固定量推定」（金子大二郎、2006年水工学論文集No.50）を基に算定した。

** 水田からの排出量は「温室効果ガス排出量算定に関する検討結果（案）　農林水産省農業分科会報告書」を基に算定した。

定量83,927 tCO_2/年も土壌中へ移動し、メタン生成の原因となる有機物量が土壌中に増加することになる。そのため、稲わらは刈取り後、創エネルギー等への利用が望ましい。

また、近年、温室効果ガスの吸収源として農地管理による炭素貯留についても研究が進められており、その1つとして稲わらや竹を炭にした「バイオ炭」[31] の農地投入があることから、今後、農地における炭素固定能力の増強が一層可能となる。

4）その他

前述したように、再生可能エネルギーにより町内で発生するエネルギー使用量（電気38,701 MWh、熱743,998 GJ）を全て賄うことはできないことから、ゼロカーボンシティ構築のためには道内の他地域で作られた再生可能エネルギーを利用する必要がある。南幌町を含む札幌周辺の11自治体は、2018年に「さっぽろ連携中枢都市圏」を形成しており、「さっぽろ連携中枢都市圏ビジョン」では将来にわたり持続可能な自治体とするために互いに連携・協力するとしていることから、再生可能エネルギーの利活用についても近隣の自治体と連携していくことで、ゼロカーボンシティが達成可能となる。

（3）まとめ（南幌町における「ゼロカーボンシティ」及び「エネルギー自給自足」）

ゼロカーボンの達成には、南幌町の公共施設に加え、町の全家庭の電力供給も稲わら、籾がら、麦わらを燃料としたバイオマス発電で行えば非常に効果的である。試算の結果、南幌町の全家庭に電力を供給するためのバイオマス量は32,000 t /年となり、現在の最大可能調達量よりさらに17,600 t /年多く必要となる。このためには、他のバイオマス（野菜くず、食物残渣など）の収集や、近隣地域と連携を行うなど、バイオマス発電の広域化検討が必要と考える。広域化においては、広域連携の仕組み作りが重要となる。現在、ごみ処理広域化が道内で進められており、そこでの広域連携の進め方や生じる課題や対応策が参考になる。

また、町内循環電動バスの導入や町民の電気自動車の普及は、カーボンニュートラルの達成のほかに、クルマの自動運転システムを基軸としたスマートタウン構築にも寄与する可能性がある。このようにバイオマス利用は様々の新たな価値を生む手段となり、南幌町における未来のまちづくりにとって重要な取り組みとなるものである。

3.5　酪農地域での新規牛ふんバイオガスプラント群の導入

3.5.1　バイオガスプラントがもたらす価値

既にBGPを導入した地域のケーススタディを参考として、新規に乳牛ふん尿や生ごみ、汚泥等のバイオマスを活用したBGPを地域に導入することにより、エネルギーの回収利用だけでなく、地域に様々な価値がもたらされることが期待できる。

新たに導入するBGPがもたらす価値の一例を**図3.5-1**に示す。BGPから得られるバイオガスは、化石燃料の熱量代替品に留まらず、カーボン

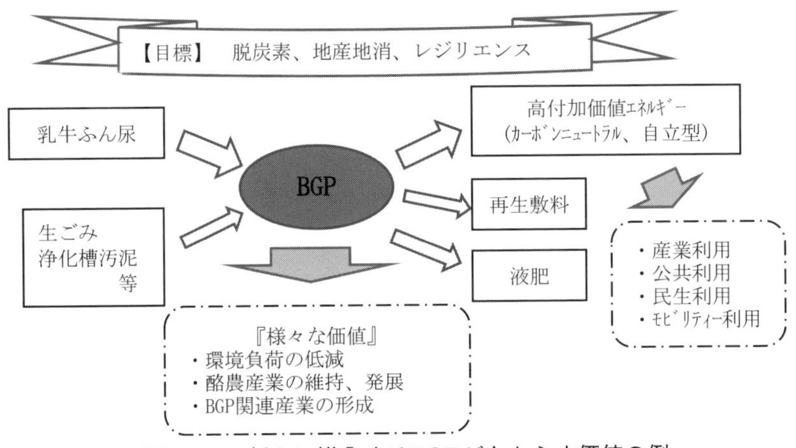

図3.5-1　新たに導入するBGPがもたらす価値の例

ニュートラルなエネルギーとして温室効果ガスの削減に資する意義を持つ。また、BGPを自立運転し、災害時に地域に熱や電気を供給可能なシステムとすることや、バイオガスを貯蔵・運搬が比較的容易な液化メタンや水素に転換し、燃料電池やモビリティーに利用することで、防災・減災に資する事業になり得る。更に、環境負荷の低減、酪農産業の維持発展、関連産業の形成と雇用創出など、その価値は枚挙に暇がない。地域にとってBGPの導入は、脱炭素、レジリエンス、地産地消の目標達成に資する重要な手段となる。

3.5.2 全体構想の策定と共有

BGPの導入に際しては、まずグランドデザイン（全体構想）を立てることが望ましい。全体構想立案の流れとして**図3.5-2**に例を示す。立案に際しては、公開情報や既存の統計資料を活用しつつ、必要に応じてヒ

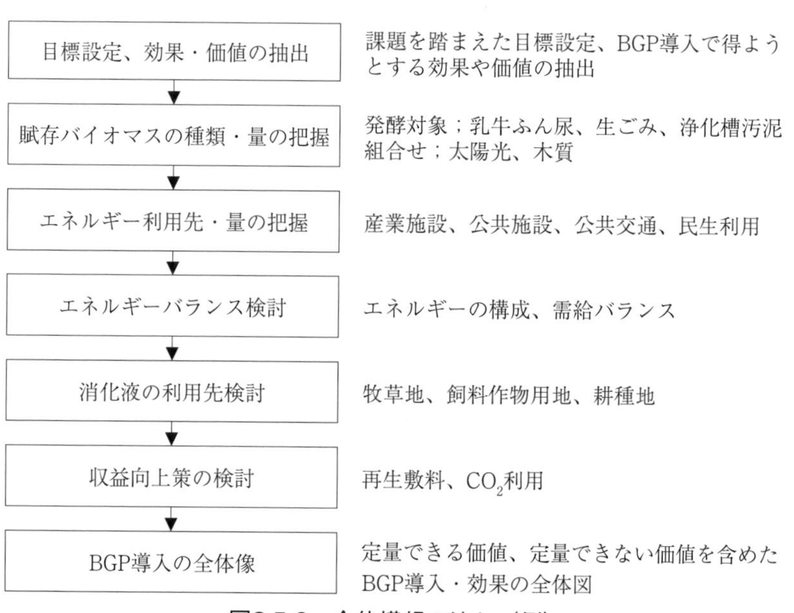

図3.5-2　全体構想の流れ（例）

アリングや調査を行う場合もある。しかし、BGPの導入による地域にもたらされる効果は、事業採算性など定量できる価値だけでなく、環境負荷の低減や地域の活性化など定量が困難な価値を多く含んでいるため、立案に際しては、できるだけステークホルダと価値を共有した上で、全体像を描くことが望ましい。

3.5.3　ステークホルダとの連携方法

グランドデザインを実現していくためには、その立案段階からできるだけステークホルダを巻き込み､合意形成を進めていくことが望ましい。具体的な方法としては、いきなり具体的な協議会を開催するよりも、まずは勉強会やセミナーの形式にてステークホルダに参加を呼び掛け、幅広く意見交換を行うことも有効と考えられる。

当寄附分野では、勉強会やセミナーでの事例紹介やオブザーバーの調整など、ステークホルダとの合意形成を進めるための事業者の相談にも対応している。

BGPの導入に際して、合意形成を進めるべきステークホルダの例を**表3.5-1**に示す。

表3.5-1　ステークホルダの例

区分	ステークホルダ	主な役割の例
産	酪農家	ふん尿供給・処理、エネルギー利用、液肥利用
産	JA	全般支援、ふん尿処理、エネルギー利用
産	耕種農家	液肥利用
産	工場、産業施設	エネルギー利用
産	プラントメーカ	設計・建設
産	建設会社	設計・建設
産	コンサルタント会社	調査・計画
産	電力・ガス会社	エネルギー供給
官	町	全般支援、構想、ふん尿処理、エネルギー利用
官	北海道	全般支援、補助制度利活用支援、許認可指導
学	大学	全般支援

3.5.4　BGP計画・事業性検討の流れ

BGPは大別すると1戸の酪農家を対象とする個別型と、複数の酪農家を対象とする集中型に分けられるが、ここでは比較的規模が大きい集中型のBGPについて、計画・事業性検討の流れの例を**図3.5-3**に示す。

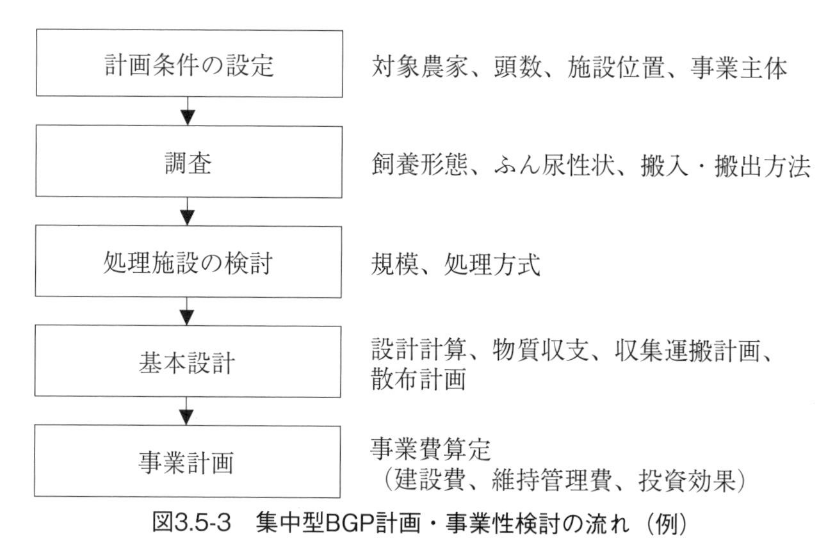

図3.5-3　集中型BGP計画・事業性検討の流れ（例）

3.5.5　補助制度

バイオマスの利用を促進するため、計画策定から施設整備に至るまで、国や地方自治体は検討の段階に応じて様々な支援制度を用意している。例えば、バイオマス産業都市関係府省（内閣府、総務省、文部科学省、農林水産省、経済産業省、国土交通省、環境省）は、毎年連携して支援策を打ち出しており、2021年度の支援策（案）のうち、家畜ふん尿の利活用に関する支援策を**表3.5-2**に示す。なお、これらの支援制度には実施主体や要件が決められており、メニュー自体も毎年異なる可能性もあるため、事前に所轄する行政に相談する必要がある。

また、北海道では環境生活部環境局の気候変動対策課ゼロカーボン推進係が「ワンストップ窓口」となり、庁内関係部局、関係機関、産官学と連携して、事業者が必要とする情報の提供、市町村間の連携調整に取り組み、バイオマス利活用の取り組みを支援している。

表3.5-2　家畜ふん尿の利活用に関する支援策の例（2021年度）

支援類型	担当省				
	総務省	経済産業省	環境省	農林水産省	文部科学省
計画策定	○	○	○	○	
調査設計			○	○	
実証試験			○		
施設整備	○	○	○	○	
活動支援			○	○	
研究開発		○		○	○

3.5.6　大樹町での検討事例の紹介

（1）背景

大樹町は北海道の東部、十勝地方の南に位置し、東は太平洋、西は日高山脈に接し、中央部は広大な十勝平野が広がっている。年間を通じて快晴の日数が多く、降水量は年間1,000mm程度と少ないが、夏に海霧の発生が多く、冬の平均気温もマイナスとなり、厳しい気象条件下にある。大樹町の位置、及び概要を**図3.5-4**、**表3.5-3**に示す[32]。

図3.5-4　大樹町の位置

表3.5-3　大樹町の概要

項目	値	
面積	815.68	km^2
東西の距離	56.9	km
南北の距離	33.5	km
標高（最高）	1,794	m
（最低）	0	m
人口	5,429	人
世帯数	2,746	世帯

また、大樹町の産業は農業を基幹とし、林業や水産業の一次産業が主体であり、特に規模の拡大と法人化、生産基盤の近代化を進めてきた「酪農」がその中心を担っている。

大樹町はエネルギー問題に意識の高い自治体であり、既に太陽光発電、木質バイオマス発電、スマートグリッドなどの導入に取り組んでいる[33)]。また、町内の大規模酪農家のうち、3件がBGPを導入している。

一方で、これらの活動を結びつけ、将来目指す姿を示すようなグランドデザイン（全体構想）が未だ策定されていなかったため、今回ケーススタディとして取り組むことになった。

（2）地域の特性と課題

大樹町では、人口の減少と高齢者の増加、基幹産業である農業や水産業の担い手不足、商業の停滞、インフラ施設の老朽化、交通通信体系の確保など、過疎地にみられる様々な課題を抱えている。一方、航空宇宙産業基地の形成を目指し、多目的航空公園を整備すると共に、ロケット産業の誘致を進めており、「宇宙のまち」として全国的な認知度も高い。

また、地勢的に森林、平野（農地）、海の全てを有しており、バイオマスの賦存量や物質の吸収源が多く、ロケット産業で比較的多くのエネルギー需要が見込まれていることから、地域内での資源や物質の循環を考える上で、多くの選択肢を取り得る条件が整っている。

（3）全体モデル

大樹町に豊富に存在し、高含水率のため堆肥化が容易ではない乳牛ふん尿を原料とし、BGPを導入した場合に将来実現する大樹町の脱炭素モデルの全体イメージを**図3.5-5**に示す。

モデル図のBGPは1つの絵になっているが、実際には町内の複数箇所に配置し、エネルギーの需要先や必要とされるエネルギーの種類に応じて、発電まで行う施設や、バイオガスを供給する施設、液化メタンを精

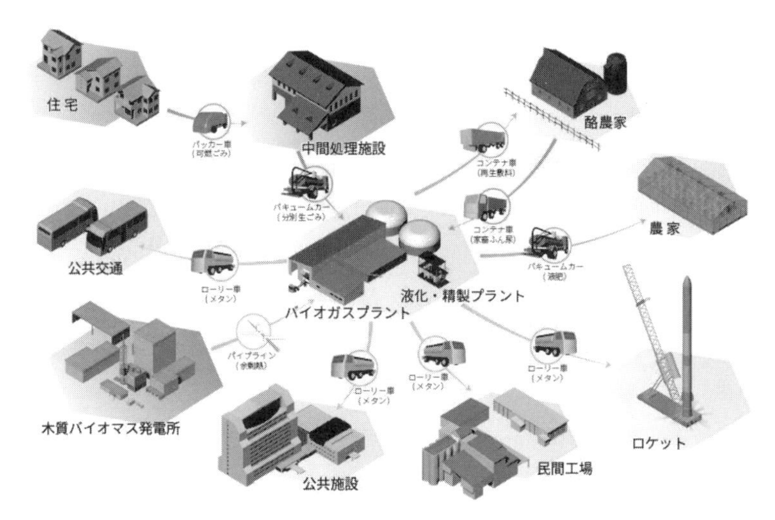

図3.5-5　大樹町における全体モデル案

製する施設や、水素を精製する施設など、様々な形態のBGPを組み合わせることが考えられる。また、BGPは発酵温度を維持するために熱エネルギーを必要とするが、例えば町内に豊富に賦存する森林資源を活用した木質バイオマス発電所の排熱や木質ボイラの蒸気をBGPの加温に活用する方策により、エネルギー利用の効率を高めることも検討に値する。

さらに、ごみ処理の広域化に関し、将来的には帯広市内の焼却処理施設に可燃ごみ処理を集約化する方向で検討が進められているが、例えば大樹町内に中間処理施設を設け、可燃ごみから生ごみを機械分別して地域内のBGPで混合消化することにより、地域で利用可能なバイオガス量を増やすことが可能となる。この方式は、エネルギー面のメリットだけでなく、委託処理する可燃ごみの輸送・処理に掛かるコストを低減することにも繋がると考えられる。

（4）エネルギーの需要施設

BGPの導入で得られるエネルギーの利用先として、大樹町のエネルギー需要施設の検討候補を**表3.5-4**に示す。比較的エネルギー使用量の多い産業施設や公共施設を中心にエネルギーを供給する他、公共交通や民生利用も検討する予定。

また、利用先の要求するエネルギーの種類や量、既存のエネルギー供給インフラの活用も念頭に、輸送方法や貯蔵方法も考慮して、電気や熱の利用だけでなく、液化メタンや水素の利用も含めて、全体的に効率の高い方法を模索する予定である。

表3.5-4　大樹町のエネルギー需要施設の検討候補

種別	施設・用途	現在使用中のエネルギー
公共施設	・町立国民健康保険病院 ・特別養護老人ホーム ・高齢者保健福祉推進センター ・福祉センター　等	電気、灯油、A 重油
公共交通	・公用車 ・バス　等	ガソリン、軽油
産業施設	・食品加工場 ・ロケット施設　等	(今後調査予定)
その他	・民生利用	(今後調査予定)

（5）バイオマスの賦存量及びエネルギーへの転換可能量の検討

大樹町内の平野部には酪農家が広く分布し、成牛換算で約18,000頭の乳牛を飼育している[34)]。まず､地域内のバイオガスの賦存量とエネルギーの需要施設との位置関係を大まかに把握するため、BGPへのふん尿の収集運搬、液肥散布の作業を考慮し、主要幹線道路の国道236号線と歴舟川を横断しないよう､**図3.5-6**に示す7つのエリアに分ける案を作成した。エリア内のBGPは、酪農家単位の「個別型」、複数の酪農家の乳牛ふん尿を共同で処理する「集中型」のいずれの方式も考えられる。

次に、各エリアにおける乳牛の飼育頭数より、エリア毎にBGPを建設した場合に、各エリアのBGPから得られるバイオガスを利用し、地域に供給可能なエネルギーとして、電気、メタン、水素に転換した際のそれぞれの量を試算した。

本試算の条件を**表3.5-5**に、試算結果を**表3.5-6**に示す。

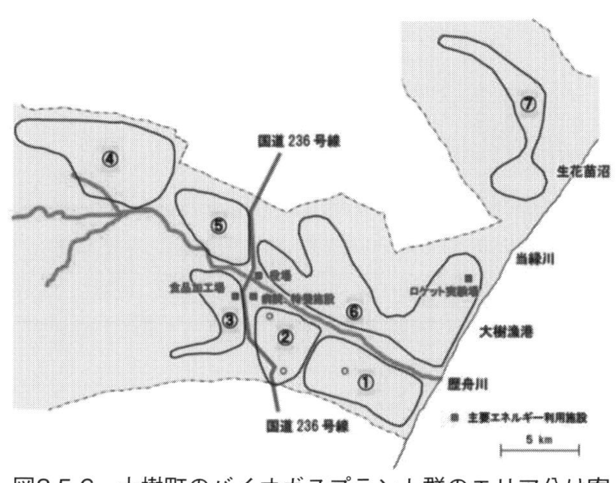

図3.5-6　大樹町のバイオガスプラント群のエリア分け案

表3.5-5　地域供給可能エネルギー量の試算条件例

項目	原単位*	
乳牛ふん用発生量	65	kg／頭・日
バイオガス発生量	30	Nm^3／t-ふん尿
バイオガスメタン濃度	55	%
CHP 発電効率	38	%
CHP 熱回収率	40	%
水素転換率	1.25	Nm^3-H_2／Nm^3-バイオガス

*各原単位はメーカヒアリングにより決定

表3.5-6　BGPの導入で得られるエネルギー量の試算

エリア	歴舟川	国道236号	エリア内乳牛頭数（頭）	バイオガス発生量（Nm^3/日）	エネルギー量*				消化液量（液肥）（t/年）
					CHP		メタン（Nm^3/日）	水素**（Nm^3/日）	
					電力（kW）	熱（MJ/日）			
①	右岸	東	2,500	4,800	410	37,800	2,640	6,000	59,000
②	右岸	東	4,800	9,300	800	73,200	5,110	11,620	113,000
③	右岸	西	3,400	6,600	570	51,900	3,630	8,250	80,000
④	左岸	西	1,700	3,300	280	25,900	1,810	4,120	40,000
⑤	左岸	西	2,400	4,600	390	36,200	2,530	5,750	56,000
⑥	左岸	東	1,600	3,100	260	24,400	1,700	3,870	37,000
⑦	左岸	東	1,600	3,100	260	24,400	1,700	3,870	37,000
町合計			18,000	34,800	2,970	273,800	19,120	43,480	422,000

*BGPで消費する電力、熱量を含む　　**水素の製造方法は水蒸気改質法を想定

試算の結果、町内の乳牛ふん尿から得られるエネルギーのポテンシャルは、電力に転換すれば2,970kWの発電出力、メタンに転換すれば19,120 Nm^3/日、水素に転換すれば43,480 Nm^3/日となる結果が得られた。乳牛ふん尿だけ捉えても、大量の再生可能エネルギーが地域に賦存していることが分かる。

しかし、当試算はあくまでエネルギーのポテンシャルであり、実際には時間的、季節的な変動も踏まえた需給バランスの調整、時間軸に応じた施設導入・整備の検討が必要である。また、BGPの導入を推進していくためには、大量に発生する消化液の散布・利用先の確保も必須である。

（6）これからの展開

現時点の試算は、大樹町の乳牛ふん尿全量に対してBGPを導入した場合に得られる、カーボンニュートラルなエネルギーのポテンシャルである。大樹町における他の再生可能エネルギー利活用の取り組みも総合的に結びつけながら、BGPの導入推進による脱炭素を念頭に置いたグランドデザインの策定を今後も行っていく予定である。

3.6 資源作物ジャイアントミスカンサスを用いた酪農地域の脱炭素化

3.6.1 研究目的

本章では、国内のバイオガスプラント（以降、BGPと記載する）を中心とした酪農システムを対象として、国内における安価で地域循環に即した敷料の利活用および、脱炭素化に向けたバイオマスのマテリアル・エネルギー利用という観点から 資源作物ジャイアントミスカンサス（Miscanthus giganteus 以降、*M x g* と表記）を酪農システムへの導入することを想定し、次の2点の定量的な解明を目的とした。

① 現状の酪農システムにおける炭素排出・固定

② *M x g* 導入が酪農システムの炭素排出・固定に及ぼす影響

現在は、BGPの導入そのものが脱炭素化のイノベーションとなるが、今後地域に根差した廃棄物や資源循環が加速すると、バイオマスの利活用が当たり前になり、さらに細分化したプロセスにおいて脱炭素化が求められる。本研究は、そういったBGP導入後の「未来の姿」を想定した研究という一面もある。

3.6.2 脱炭素化の新たな可能性を広げる資源作物

2015年に採択された「パリ協定」では、2050年ごろに世界の温暖化ガスの排出を「実質ゼロ」にする必要があるとされている。締約国には温室効果ガス排出抑制にかかわる長期的な戦略が求められ、国内外で経済活動を両立しながらの、脱炭素化に向けた技術革新が進んでいる。経済との両立をしながら、温室効果ガスを低排出にするには段階的な措置が必要となる。まずは現状のエネルギー利用から再生可能エネルギーの導入量を増やしていくことが必要となるが、化石燃料に代替する新たなエネルギー源を探すことが喫緊の課題となる。そこで、代替エネルギー源として注目されるのが、資源作物である。資源作物は、植物の光合成変換能力を最大限に生かしながら、既存エネルギーを代替できるので、社会全体の持続的発展に重要な位置づけとなりうる。バイオマス利用として、バイオエタノールやバイオプラスチックなどがトウモロコシなど主に食用作物を原料にして製造されているが、人口増にともなう食料確保の観点から、食料と競合しないバイオマス原料の安定供給が鍵となる。

3.6.3 資源作物ジャイアントミスカンサスについて

栽培における低い肥料要求性や高い環境適応性および炭素固定能力などの観点から、ジャイアントミスカンサス（*M x g*）という資源作物の利用が注目されている。ススキ属植物は、多年生の地下茎C4植物で、資源作物としてのススキ属植物の利点としては以下が挙げられる[35、36]。

- C4植物であるため光合成能力が高い
- 春から夏にかけては地下部の栄養分を吸収して光合成によりバイオマス生産を行うが、秋には栄養が地下に転流するため、地上部を刈り取ることで地下部に栄養が蓄積するため、栄養分や炭化物の効率的な循環が可能（**図3.6-1**）
- 低い肥料要求性と低い農作業負荷量および管理コストの削減
- 寒冷環境においても耐性を持ち、大きな乾物生産量をもつ
- 多年生植物であるため，初収穫から15年間程度の収穫が可能
- バイオマス生産量が大きい
- 灰分割合が小さい

図3.6-2に*M x g*の外観を示す。*M x g*は、ススキ（*Miscanthus sinesis*）（二倍体、2n=38）とオギ（*Miscanthus sacchariflorus*）（四倍体、2n=76）の三倍体自然交雑種である。三倍体であると種子ができないため不稔となり、根茎による栄養繁殖が行われる。*M x g*のバイオマス生産量はススキ属植物の中でも大きく、他のススキ属植物が 30 t-dry/ha/yr 程度

であるのに対して、*M x g*は40-60 t-dry/ha/yr程度の生産量が期待される[37]。

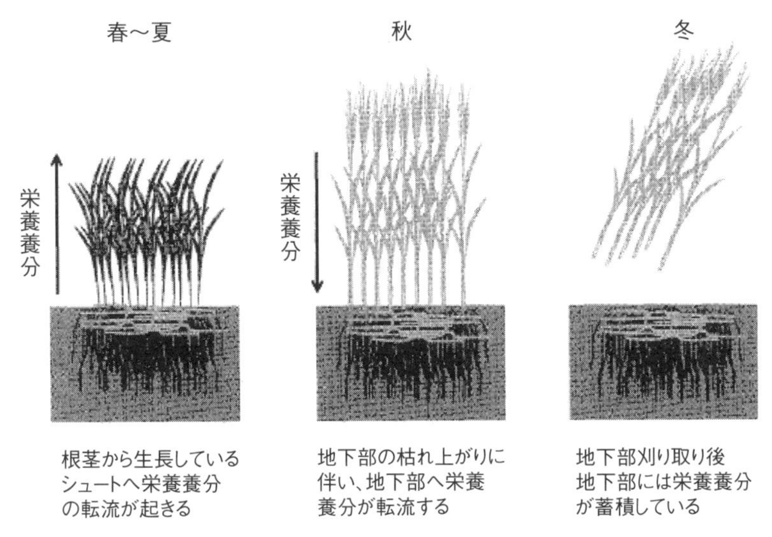

図3.6-1　永年性草類の効率的な栄養養分循環とバイオマス利用の概念

図3.6-2　*M x g*（北海道大学，2020年10月）

3.6.4 国内の酪農地域における課題

北海道では特に酪農産業が盛んで、近年は飼養方法の多様化や飼養頭数の増頭が進んでいる。1999年制定の「家畜排せつ物の管理の適正化及び利用の促進に関する法律」（家畜排せつ物法）により、家畜のふん尿処理、特に生糞尿に対して、十分量の敷料を混合して固形化することが求められた。特に北海道で用いられる敷料は地域の農産廃棄物や林産廃棄物が用いられることが多く、敷料資源量は農業・林産廃棄物等の発生量に置き換えることができる。そういった他産業とのバランスや木質系敷料の高い新水性をメリットに、現在は工場残材であるおが粉や、間伐材などが木質系敷料として広く用いられている[38]。一方で、木質バイオマス発電所における木質系燃料の需要拡大や、林業の衰退なども関係して木質バイオマスの価格が高騰しており、家畜敷料用材料の供給不足が懸念される。その解決策とし木質系敷料の代替材が検討されているが(**表3.6-1**)、流通、家畜の安楽性、酪農家のオペレーション性などの観点に加え、酪農家ごとに利用する敷料に対して多様な価値観を有することから、木質系敷料を広く代替するまでには至っていないと考える。

また、酪農地域におけるバイオマスの利活用という点で木質バイオマス発電による木材利用とおが粉の敷料利用は原料が同じであるため、両者が競合せず、共存できるようなシステム作りが求められる。

表3.6-1　おが粉の代替材[39,49]

分類		流通・製造	価格 ※おが粉比	対家畜	対酪農家
木質系	おが粉	△おが粉マシン	○	○	◎吸水性大・精油のよい香り
	鋸屑	△製材所の副産物	○	○	○
	バーク	△製材所の副産物	○	○	△保水力小
農産物系	稲わら，麦稈	◎稲作農家との協力関係	◎安価	◎通気性大	○
	もみ殻	◎稲作農家との協力関係	◎安価	◎通気性大 ◎クッション性大	△硬く疎水性大（粉砕によって利用可能） △分解性小 ◎敷料の交換回数の削減
	乾牧草	○	○	○	○
有機廃棄物系	細断古紙	◎全国で発生	◎安価	○	◎軽いため作業性良 △泥濘化により交換回数大 △異物混入対策
	廃菌床	△敷料としての流通は稀	◎安価	△雑菌対策	△水分量大 △腐敗し易い △発酵熱による火災 △コーンコブ：敷料利用困難
	建築解体材	○	○	○	△木質の種類が混在
	お茶殻，コーヒーかす	○飲料メーカーで発生	◎安価	○	△水分量大
	戻し堆肥	◎自家生産	◎安価	◎雑菌発生を抑制	△戻し堆肥生産の時間・コスト・保管面積 △堆肥化技術の習得 △吸水により作業性小
	メタン発酵残渣	△プラント近隣での流通が主流	◎安価	◎雑菌発生を抑制 △通気性の確保	◎吸水性大 ◎+α電力·熱エネルギー生産 △吸水により作業性小
無機系	砂・粉砕貝殻	○	○	○	○

3.6.5　対象範囲および試算の方法

（1）モデル地域

本研究では、北海道紋別郡興部町に所在する、「興部北興バイオガスプラント」を中心としたシステムをモデルとした。興部町はオホーツク海沿岸に位置し、主要な産業は酪農業、漁業、林業である。

BGPでは、町内にて発生した酪農家6軒分（成牛換算560頭分）の家畜ふん尿およびスラリー、下水汚泥、生ごみ、食品加工残渣が処理対象物として原料槽に投入されている。BGP建設当時よりも飼養頭数は増加し、958頭（搾乳牛516頭、乾乳牛76頭、育成牛366頭）となったが、そのうちの560頭分の家畜ふん尿およびスラリーがBGPに、残りは個別処理しているものと想定をした。家畜飼育においては、家畜敷料として町外から調達された木質系敷料のおが粉、および再生敷料が用いられている。なお再生敷料とは、BGPにてメタン発酵後の消化液の固液分離により得た固形分を、好気発酵により堆肥化して含水率を60% 程度に調整したものである。また、固液分離により得た液分は液肥として牧草地やデントコーン畑などに散布されている。

一方、BGPにて発生したバイオガスは、熱源供給設備により熱と電気に変換される。発生した熱はBGP施設内の加温に利用され、電気は施設内の一部分で自家消費された分を除いた余剰電力が売電されている。その他に、プラントの稼働に必要な電力や重油などが使用されている。

（2）酪農システム範囲

モデル地域の酪農システムの概略図を**図3.6-3**に示す。本研究ではBGPを中心として図中の各プロセスから構成されるシステムを「酪農システム」と定義した。また、炭素排出・固定の評価範囲は、図中の各プロセスからの炭素排出・固定とした。

想定した以下の3ケース【Case0：現状システム】【Case1：$M\,x\,g$ 直接敷料使用システム】【Case2：$M\,x\,g$ BGP投入システム】の概要及び目的、想定した敷料量について**表3.6-2**に示す。

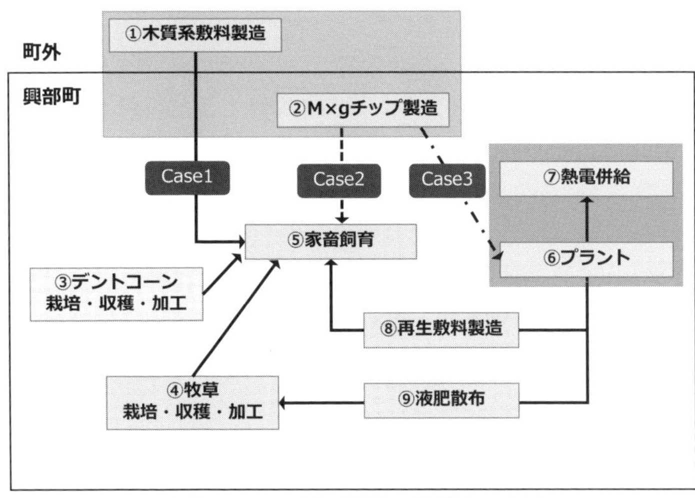

図3.6-3　モデル地域の酪農システム

表3.6-2　各ケースの概要と使用敷料種類および量

各ケースの概要と目的	想定使用敷料量 (m³/yr) カッコ中は t/yr				
	木質系敷料	木質系敷料由来再生敷料	*Mxg* チップ	*Mxg* 由来再生敷料	合計
Case0：現状 【システム概要】現状の酪農システムを模擬したシステム。敷料の利用としては、町外から運搬された木質系敷料と木質系敷料由来の再生敷料の2種類を牛舎にて使用する。 【目的】基本ケース 現状システムの炭素排出・固定の把握	685 (137)	706 (337)	–	–	1,391 (474)
Case1：*Mxg* 直接敷料利用 【システム概要】現状システム (Case0) に使用している木質系敷料を、町内で栽培・加工された *Mxg* チップに代替するシステム。*Mxg* チップと *Mxg* 由来再生敷料を牛舎にて使用する。 【目的】*Mxg* 導入による脱炭素化への寄与可能性を現状に即した形で検討	–	–	685 (128)	706 (337)	1,391 (465)
Case2：*Mxg* 直接 BGP 投入 【システム概要】Case0 にて必要な敷料全量を、*Mxg* 由来の再生敷料にて代替するシステム。*Mxg* 由来再生敷料のみを牛舎にて使用する。 【目的】再生敷料の地域内循環利用の最大化を検討	–	–	–	1,391 (664	1,391 (664)

（3）試算方法

本研究では、実測値および原単位からエネルギー量などの変換値を求め、それらに炭素換算係数を乗じることで算出した（**表3.6-3**）。なお、中の変換値はそれぞれE1：熱エネルギー（J）、E2：電気エネルギー（kWh）、D：距離（km）、M：物質量（kg）を示している。

運搬について、各プロセスにおけるマテリアル・エネルギーフローから、インプットとなるものはそのプロセスにおける運搬エネルギーとし、アウトプットとなるものは次のプロセスにおける運搬エネルギーとして計上した。また運搬頻度は、各マテリアル使用量を運搬車両の積載容量で除すことで算出した。

売電・買電・熱回収はBGPにおけるものとした。なお、売電については売電量分をCO_2排出削減量として計上した。また、熱回収については熱利用によって重油利用量が削減されたものとし、CO_2およびCH_4排出削減量として計上した。

微生物反応について、本システムにおいては、家畜の消化管内発酵、再生敷料製造時の堆積発酵について考慮した。

資源作物・飼料作物による炭素固定は、乾物収量のうちの年間成長量に炭素含有割合を乗じたものを炭素固定量とした。ただし、本研究では植物体のうちの利用部分における炭素固定に着目するものとした。乾物収量については植物体の地上部について考慮し、本システムにおける使用量を収量に換算した。

表3.6-3　炭素排出・固定の算出に関する項目

項目	実測値・原単位	変換値	炭素換算係数
機械および設備における燃料の使用	機器燃費，稼働時間，単位発熱量	E1	燃料種別炭素排出係数
運搬	車両燃費，運搬距離，運搬頻度，年間輸送距離	E1	燃料種別炭素排出係数
		D	車輌別炭素排出係数
買電（BGP）	機器燃費，稼働時間，単位発熱量	E2	電気事業者別排出係数
微生物反応（家畜の消化管内発酵・再生敷料製造時の堆積発酵）	乳牛飼養頭数 堆積発酵での好気分解量，嫌気分解量	M	炭素排出係数
植物による炭素固定（木質資源·資源作物·飼料作物）	年間成長量	M	炭素含有割合
売電（BGP）	バイオガス量，発電量，熱回収量，機器燃費，稼働時間，単位発熱量	E2	電気事業者別排出係数
熱利用（BGP）		E1	燃料種別炭素排出係数

（４）システムの構成

本システムを構成するプロセスと各プロセスにおける主な炭素排出項目と炭素吸収源および固定源を**表3.6-4**に示す。

なおプロセス番号は図**3.6-3**と対応している。

表3.6-4　本システムを構成するプロセス

プロセス	主な炭素排出項目	炭素吸収源および固定源
①木質系敷料製造	伐木、集材、造材、はい積、地拵え、チップ製造	森林
②*Mxg*チップ製造	種苗、耕起、定植、施肥、除草剤散布、収穫・調製、チップ製造	*Mxg*
③デントコーン 栽培・収穫・加工	耕起、施肥、播種、雑草防除、刈取・調整	デントコーン
④牧草 栽培・収穫・加工	施肥、刈込、刈取・調整（サイレージ用）、刈取・調製（乾牧草用）	牧草
⑤家畜飼育	敷料敷設、家畜ふん尿収集 家畜消化管内発酵	−
⑥プラント	買電、バイオガス、重油による加温、熱電併給設備の熱回収による加温	−
⑦熱電併給	買電	発電
⑧再生敷料製造	敷料切り返し、好気発酵、嫌気発酵	−
⑨液肥散布	液肥散布	−

3.6.6　ジャイアントミスカンサス導入前後でのCO_2排出・固定に対する試算結果

（1）各ケースにおけるCO_2排出・固定

本研究では、CH_4量については地球温暖化係数によって、CO_2量に換算を行っている。各ケースにおけるCO_2総排出量とCO_2総固定量および実質CO_2総排出量について**表3.6-5**に示す。

表3.6-5　CO_2排出・固定量および実質CO_2排出量本システムを構成するプロセス

ケース名	CO_2排出量 (t-CO_2/yr)	CO_2固定量 (t-CO_2/yr)	実質CO_2排出量 (t-CO_2/yr)
Case0：現状	2,594	− 1,406	1,188
Case1：*Mxg* 直接敷料利用	2,593	− 1,675	918
Case2：*Mxg* 直接BGP投入	2,735	− 1,812	923

CO_2排出量はCase0と比較して、Case1およびCase2で微増したが、*Mxg*の導入によって、CO_2固定量が増加し、実質のCO_2排出量はCase1、

Case2ともに減少する結果となった。

図3.6-4に各ケースにおけるCO_2 排出量・固定量を示す。図においてCO_2排出をプラス、CO_2固定をマイナスとして表現している。

各ケースにおいて、微生物反応によるCO_2 排出量が総排出量の約82%を占めることが示された。Case2 においては、Case0 と比べてCO_2 排出量が約130 t-CO_2（6.06%）の増加となった。機械及び設備における燃料の使用によるCO_2 排出量は、Case1、2においてそれぞれ約6 t-CO_2（3.24%）、約14 t-CO_2（5.33%）増加した。

運搬によるCO_2 排出量については、Case1、2 においてそれぞれ約3 t-CO_2（3.24%）、約1 t-CO_2（1.19%）の減少となり、*M x g* 導入による大きな効果は見られなかった。

植物によるCO_2 固定量は、Case1、2においてそれぞれ234 t-CO_2（40.6%）、339 t-CO_2（58.8%）増加した。

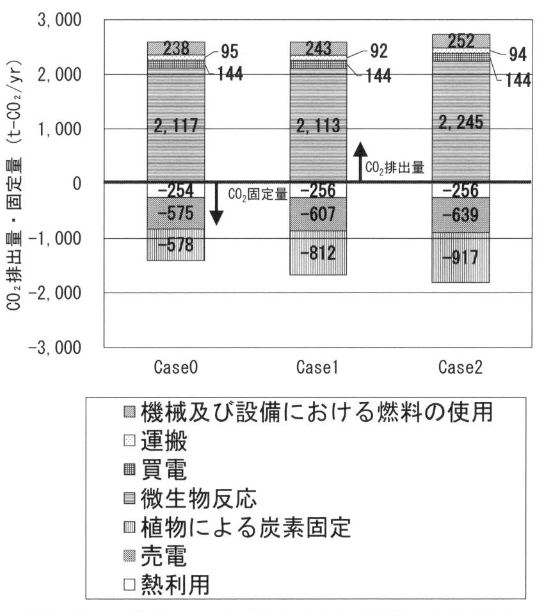

図3.6-4　各ケースにおけるCO_2排出・CO_2固定

（2）各プロセスにおけるCO_2排出・固定

各プロセスにおけるCO_2排出・固定量を**表3.6-6**に示す。

表3.6-6　各プロセスにおけるCO2排出・固定量

プロセス	Case0 現状	Case1 *Mxg*直接敷料利用	Case2 *Mxg*直接BGP投入
	上段：CO_2 排出量（t-CO_2/yr）　下段：CO2 固定量（t-CO_2/yr）		
①木質系敷料製造	8.01	–	–
	− 3.14	–	–
② *Mxg* チップ製造	–	11	15.6
	–	− 237.5	− 342.6
③デントコーン栽培・収穫・加工	23.6	23.6	23.6
	− 240.8	− 240.8	− 240.8
④牧草栽培・収穫・加工	115	115	115
	− 333.7	− 333.7	− 333.7
⑤家畜飼育	2116	2116	2118
	–	–	–
⑥プラント	153	153	153
	− 254.1	− 255.9	− 255.9
⑦熱電併給	2.23	1.92	1.6
	− 574.6	− 606.8	− 639.4
⑧再生敷料製造	156	152	287
	–	–	–
⑨液肥散布	20.3	20.3	20.3
	–	–	–

プロセスごとにCase0現状と比較を行うと、まず*M x g* チップ製造工程はその利用量が増えても、その栽培や収穫で排出されるCO_2量が微増しかしないため、1tあたりの実質CO_2固定量が大きいことがわかる。次に熱電併給設備工程では、稼働時は自家消費、待機時は買電により電力が賄われている。Case1および2においてはバイオガス発生量の増加

に伴い、熱電併給設備の稼働時間が増加する一方で待機時間が減少した。そのため買電量減少分のCO_2排出量が削減され、固定量が増加している。

再生敷料製造工程においてはCO_2排出量が、Case0に比較して、Case1ではわずかに減少し、Case2では大きく増加している。これは同じ投入量でも、木質系敷料に比べて、*M x g* の方がメタンガス発生量が多い（メタンへの変換率が高い）ため、Case1では再生敷料用の発酵残渣に含まれる炭素分が少なくなり、微生物発酵による炭素排出が減少する。Case2では再生敷料製造量が増加したことにより、微生物発酵が増加し、CO_2排出量が増加する。

3.6.7　ジャイアントミスカンサス導入のCO_2削減効果と今後の展望

本研究では、実際の酪農地域の実態をヒアリングし、稼働中のBGPを中心とした各プロセスにおける炭素排出量・固定量を現状に即した形で明らかにした。現状の酪農システムで使用されている木質系敷料を*M x g* で代替した場合、Case1においては、CO_2排出量が減少する一方で、CO_2固定量が増加した。これは、*M x g* 使用量に占める年間成長量が木質資源よりも大きいことに起因する。Case2においてはCO_2固定量・排出量ともに増加した。これは、製造する再生敷料量の増加により、堆積発酵される固形分が増加したためである。

本研究によって、現状システムの脱炭素化に向けた新たな課題として、町内循環効率化のため、運搬によるCO_2削減は限界があること、家畜消化管内発酵によるCH_4排出低減対策が必要であることわかった。*M x g* の酪農システム導入後の各プロセスに及ぼしうる影響についてのイメージを**図3.6-5**に示す。

本研究では興部町を例にしたが、今後酪農地域において、BGP導入後の近未来において求められるであろう更なる脱炭素化において、*M x g* の栽培、敷料利用が効果的であることが示唆された。

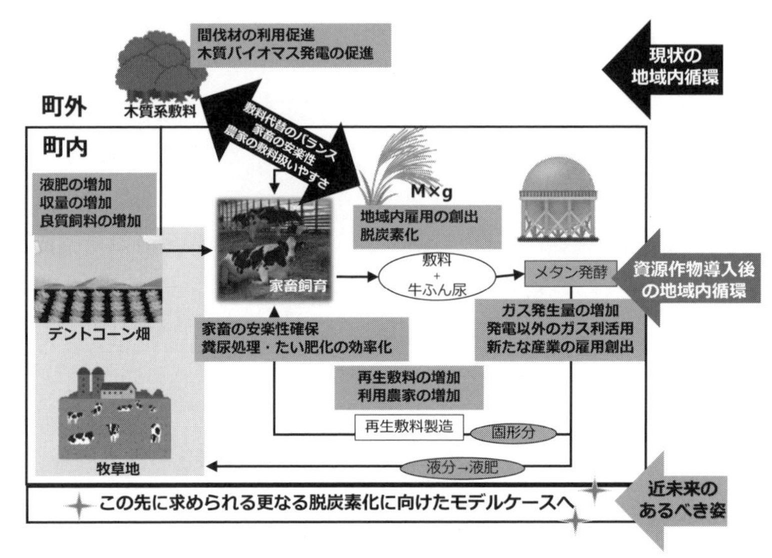

図3.6-5　*M x g*導入後の酪農システム地域内循環効率化と新たな価値

3.7　第３章のまとめと展望

本章では、農業系バイオマスとして家畜ふん尿、稲わら等の農業残渣、今後注目されるであろう資源作物が、地域の環境や経済、さらには教育などの住民生活に至るまで、幅広く関係することを示してきた。このケーススタディが、これまで「処理」という視点でとらえられていた農業系バイオマスを「地域固有の資源」として、価値を再認識されるきっかけとなるであろう。また、地球温暖化やプラネタリーバウンダリーといった観点から、世界的に「脱炭素」や「適正な資源循環」がさけばれている。しかし、わが身として実感するには距離があり、他人事のように感じてしまい、実際の行動に結びつかない面もある。本章で検討したケーススタディのように、具体的に自分の生活地域を「見える化」することで、漠然としていた脱炭素社会や資源循環が自分事としてとらえるきっかけになることを期待する。

第３章の参考文献

１）国立研究開発法人新エネルギー・産業技術総合開発機構、“バイオマスエネルギー導入ガイドブック”
２）古市徹、石井一英：エネルギーとバイオマス～地域システムのパイオニア～、環境新聞社、2018
３）東京ガス2021年6月分CNG単価、閲覧日2021年6月7日、https://eee.tokyo-gas.co.jp/news/2021/price202106.pdf
４）古市徹、石井一英：エコセーフなバイオエネルギー－産官学連携事業の実際－、環境新聞社、2015
５）M. Asai、*et al.*; Mental model analysis of biogas energy perceptions and policy reveals poten-tial constraints in a Japanese farm community、Sustainability、vol.11、No.225、2019
６）北海道施肥ガイド2015、pp.197-229、北海道農政部農業研究本部、2015
７）山口ら：家畜ふん堆肥の品質・成分的特徴、平成8年度家畜ふん尿処理利用研究会資料、pp.15-23
８）桑原ら：乳牛ふん尿由来のスラリー連用による草地土壌化学性と牧草品質への影響、農業農村工学会論文集、No. 308（87-1）、pp.73-82、2019
９）松中ら：乳牛ふん尿のメタン発酵処理に伴う性状変化、日本土壌肥料学雑誌、73（3）、p p.297-300、2002
10）日本飼養標準・乳牛（2017年版）、国立研究開発法人　農業・食品産業技術総合研究機構　編、pp.188-191、中央畜産会、2017
11）日本飼養標準・肉用牛（2008年版）、国立研究開発法人　農業・食品産業技術総合研究機構　編、pp.40-41、” 中央畜産会、2009
12）寳示戸ら：わが国農耕地における窒素負荷の都道府県別評価と改善シナリオ、日本土壌肥糧学会雑誌74巻4号、pp.467-474、2003
13）たい肥施用コーディネータ養成研修テキスト（2）、畜産環境整備機構、2001
14）平成29年度　生乳検査事業成績書　表２ 地区別合乳成分検査成績、公共社団法人北海道酪農検定検査協会HP、閲覧日2021年3月9日、https://www.hmrt.or.jp/report2/report2_3
15）堆肥化施設設計マニュアル、中央畜産会、2005
16）北海道農業改良普及協会、家畜糞尿処理の手引き、1998
17）経済産業省HP、“第50回 調達価格算定員会。資料2　地熱発電・中小水力発電・バイオマス発電のコストデータ、” 閲覧日2021年6月29日、第50回 調達価格算https://www.meti.go.jp/shingikai/santeii/pdf/050_02_00.pdf
18）中村真人ら：メタン発酵消化液の施用が畑地土壌からの温室効果ガス発生と窒素溶脱に及ぼす影響、農業農村工学会論文集77 巻 6号、pp.605-614、2009
19）井原啓貴ら：重窒素標識牛ふん堆肥を施用した黒ボク土モノリスライシメータにおける2年半の窒素動態、日本土壌肥料学雑誌、81（5）、pp.489-498、2010
20）南幌町地域新エネルギービジョン、北海道南幌町、平成19年2月
21）稲わらペレットを利用した地域循環システムの構築に向けて～報告書～、” 北海道

南幌町、平成26年3月
22）産業油価格（軽油・A重油）、経済産業省資源エネルギー庁
23）北海道における石油製品情報（価格・需給）、北海道経済産業局
24）LPガス、プロパンガス料金消費者協会
25）南幌町地球温暖化対策実行計画進捗状況報告書　H29（2017）年度実績報告、南幌町地球温暖化対策推進委員会、平成30年8月
26）平成20年度地域新エネルギービジョン策定等事業重点テーマに係る詳細ビジョン南幌町稲わら・籾殻・麦わらの有効利用の具体化検討調査、南幌町、平成21年2月
27）針谷将吾：稲わらペレット熱利用システム普及のための事業採算性の検討―熱需要規模と収集保管方法に着目して―、北海道大学
28）EDMC/エネルギー・経済統計要覧 2020年版、日本エネルギー経済研究所、省エネルギーセンター、2020年
29）認定済太陽光発電事業計画、閲覧日2021年1月31日、https://www.fit-portal.go.jp/PublicInfo
30）年間日射量、気象庁、閲覧日2021年1月31日、https://www.data.jma.go.jp/obd/stats/etrn/index.php
31）バイオ炭の農地施用を対象とした方法論について（J－クレジット制度におけるバイオ炭の農地施用にかかる方法論に関する説明会資料、農林水産省環境政策室、令和2年11月.
32）北海道大樹町ホームページ、閲覧日2021年7月31日、https://www.town.taiki.hokkaido.jp/.
33）大樹町過疎地域自立促進市町村計画（平成28年度～令和2年度）、大樹町
34）令和2年度　十勝地区産統計、十勝農業組合連合会
35）Ji-Hoon、C. *et al.: Miscanthus* as a Potential Bioenergy Crop in East Asia. J. Crop Sci. Biotech. 2012、15（2）、pp.65-77
36）我有満ら：草木系資源作物とその熱利用、農業および園芸、90（9）、pp.939-944、2015
37）山田敏彦．エネルギー作物としてのススキ属植物への期待、日草誌、55（3）、pp.263-269、2009
38）山崎亨史：木質系家畜敷料の性能と上手な使い方、林産試だより、vol.10、pp. 6-10、2017
39）おが粉代替敷料利活用マニュアル、農畜産業振興機構、中央畜産会、pp.54、2017
40）おが粉の代替となる敷料の事例集、農畜産業振興機構、中央畜産会、pp.35p、2016

資料編　寄附分野
「バイオマスコミュニティプランニング」からの発信

第1章　バイオマスコミュニティプランニング分野の概要

1.1　設立経緯

2018年10月1日に、北海道大学大学院工学研究院内に寄附分野「バイオマスコミュニティプランニング分野」が循環共生システム研究室のご助力により開設された。

本寄附分野は、いであ（株）、岩田地崎建設（株）、応用地質（株）、（株）大原鉄工所、小川建設工業（株）、鹿島建設（株）、（株）コーンズ·エージー、三友プラントサービス（株）、大成建設（株）、（株）土谷特殊農機具製作所、日立セメント（株）、北海道電力（株）、八千代エンジニヤリング（株）の計13社から、2021年9月までの3年間の時限付きで寄附を受けることとなった。

1.2　設立趣旨

バイオマスコミュニティプランニング分野では、廃棄物等およびバイオマス資源の循環・エネルギー利用を通じて、持続可能な地域コミュニティを計画するための技術・社会システムを、産官学の連携で開発し提案する。さらに本研究を実施する過程で、人材育成も行う。

1.3　活動内容

1.3.1　研究内容

本寄附分野は、**図1.3-1**に示すように、寄附分野の世話役でもある同大学院工学研究院循環共生システム研究室と緊密な協力・連携の下に、寄附分野からのメンバーを交え、また国、自治体や関連NPO法人などの協力も得ながら、①生活系バイオマス（生ごみ、下水汚泥等）を対象とした将来の廃棄物処理の広域化・集約化を見据えたフィージビリティスタディ、②農業系バイオマス（家畜ふん尿、稲わら等の農業残渣、資源作物）の地域利活用のフィージビリティスタディおよび同地域へもたらす効果（価値）の評価を行う。

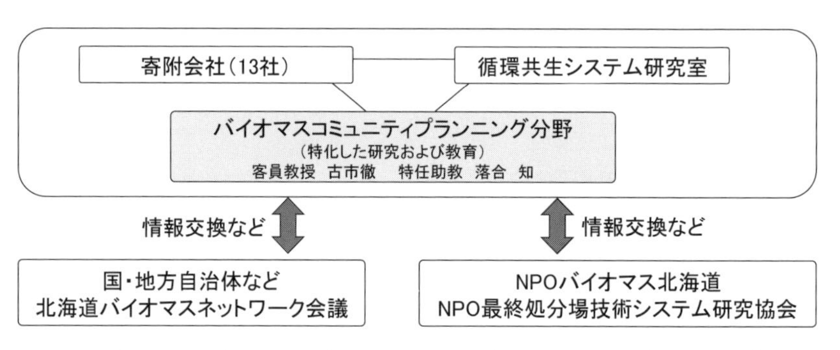

図 1.3-1　バイオマスコミュニティプランニングにおける研究体制

1.3.2　情報発信

本寄附分野は、**図1.3-2**に示すように、本寄附分野の世話役の循環計画システム研究室と10の寄附会社からの担当者が主メンバーとなり、さらに必要に応じて関連自治体や関係者がオブザーバーとして参加する形の研究グループを2015年12月4日に発足し、研究会を計19回行い、その研究成果や本寄附分野に関連する最新情報を、セミナー7回、シンポジウム4回を通して発信してきた。さらに、その交流活動内容をHPに随時掲載し、外部の方々へ広く情報を公開してきた。

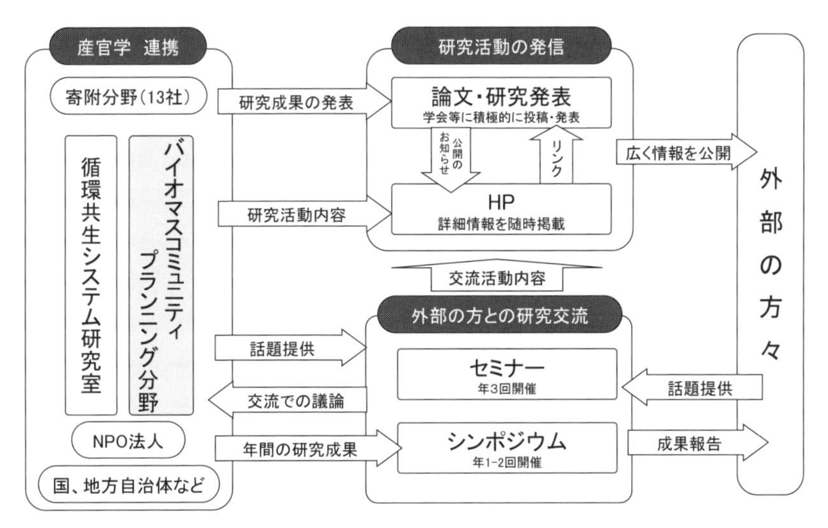

図 1.3-2　産官学連携および情報発信・研究交流

第2章　研究会・セミナー・シンポジウム

2.1　研究会の開催

表2.1-1のように、2015年12月4日に研究会を発足し、3年間で計19回の研究会を開催してきた。研究会では、寄附分野、本寄附分野の世話役である循環共生システム研究室、13社の寄附会社からなる主要メンバーが、下記2つのワーキンググループ（WG1：生活系バイオマス、WG2：農業系バイオマス）に分かれ、必要に応じて自治体や企業の関係者にもオブザーバーとして参加頂き、北海道大学（工学部材料・化学系棟311室）にて議論を重ねてきた。ただし、第9回研究会以降はウェブ会議を併用し、開催した。

表 2.1-1　研究会の開催状況

研究会	開催日	参加人数
第 1 回	2018年12月13日	31名
第 2 回	2019年2月13日	11名
第 3 回	2019年3月14日	26名
第 4 回	2019年4月23日	20名
第 5 回	2019年6月14日	30名
第 6 回	2019年8月23日	34名
第 7 回	2019年10月16日	WG1:18名／ WG2:15名
第 8 回	2019年12月12日	26名
第 9 回	WG1：2020年4月21日、WG2：2020年4月24日	WG1：23名／ WG2：18名
第10回	WG1：2020年6月5日、WG2：2020年5月27日	WG1：20名／ WG2：15名
第11回	WG1：2020年7月8日、WG2：2020年6月30日	WG1：17名／ WG2：23名
第12回	WG1：2020年8月7日、WG2：2020年7月29日	WG1：16名／ WG2：23名
第13回	WG1：2020年9月10日、WG2：2020年9月2日	WG1：20名／ WG2：26名
第14回	WG1：2020年10月15日、WG2：2020年10月8日	WG1：18名／ WG2：16名
第15回	WG1：2020年11月18日、WG2：2020年11月11日	WG1：18名／ WG2：18名
第16回	WG1：2020年12月17日、WG2：2020年12月10日	WG1：15名／ WG2：19名
第17回	WG1：2021年1月19日、WG2：2021年1月13日	WG1：16名／ WG2：13名
第18回	WG1：2021年2月18日、WG2：2021年2月16日	WG1：12名／ WG2：13名
第19回	WG1：2021年3月15日、WG2：2021年3月16日	WG1：17名／ WG2：12名
第20回	WG1：2021年4月27日、WG2：2021年4月28日	WG1：17名／ WG2：16名
第21回	2021年6月10日	29名
第22回	2021年7月15日	27名

2.2　シンポジウム・セミナーの開催

3年間の活動を通して、研究交流および情報発信の一環として開催してきたセミナー（計5回）とシンポジウム（計3回）の開催状況を**表2.2-1**に示す。

表 2.2-1　研究会の開催状況

研究会	開催日	参加人数
開設式	2018年11月1日　北海道大学 百年記念会館	84 名
第 1 回セミナー	2019年2月12日 北海道大学 学術交流会館 小講堂	138名
第 2 回セミナー	2019年7月23日 北海道大学 工学部オープンホール	75名
第 1 回シンポジウム	2019年9月9日 全国町村会館 ホールA	88名
第 3 回セミナー	2019年12月11日 北海道大学 学術交流会館 小講堂	95名
第 4 回セミナー	2020年2月21日 北海道大学 学術交流会館 大講堂	117名
第 2 回シンポジウム	2020年9月29日 全国町村会館 ホールA ／オンライン（同時開催）	107名
第 5 回セミナー	2021年2月22日 北海道大学フロンティア応用化学 研究棟セミナー室 1 ／オンライン（同時開催）	283名
第 3 回シンポジウム	2021年10月6日 全国町村会館 ホールA ／オンライン（同時開催）	129名

2.2.1　第 1 回セミナー（2019年2月12日）

題目　廃棄物・バイオマスを活用した地域における新たな価値の創造

趣旨　2018年10月から新たにスタートした北海道大学寄附分野「バイオマスコミュニティプランニング（Bio-Com.P）分野」では、廃棄物及びバイオマス資源の循環・エネルギー利用を通じて、持続可能な地域コミュニティを計画するための技術・社会システムを提案するための研究開発を行っている。また、北海道バイオマスネットワーク会議では、北海道らしい循環型社会の形成に向けて、国内でも賦存量が随一であるバイオマスの有効利用を進めていくため、地域におけるバイオマス利活用の取組を促進・支援するとともに、将来に向けた全道的なネットワークの構築を進めている。この「北海道大学 寄附分野 バイオマスコミュニティプランニング分野 第1回セミナー」と「北海道バイオマスネットワークフォーラム2019」を共同で開催し、バイオマス資源利活用に係る情報共有と議論の場とする。

講演 1）環境省におけるバイオマス地域内利用の推進方策、大沼康宏（環境省）
2）バイオマス資源化センターにおけるごみの燃料化、越智博臣（香川県）
3）南三陸町における包括的資源循環を軸とする官民連携・住民主体のまちづくり、蝦名裕一郎（アミタ（株））
4）道総研のエネルギー研究の取り組みについて、北口敏弘（(地独）北海道立総合研究機構）
5）北海道大学寄附分野バイオマスコミュニティプランニングとは、落合知（北海道大学）

総合討論 コーディネーター：石井一英（北海道大学）
パネリスト　　　：大沼康宏、越智博臣、蝦名裕一郎、北口敏弘、落合知

2.2.2 第２回セミナー（2019年7月23日）

題目 生活系ごみを中心としたバイオマス利活用技術とコミュニティづくり

趣旨 2018年10月1日より北海道大学寄附分野バイオマスコミュニティプランニング分野が開設され、「廃棄物等およびバイオマス資源の循環・エネルギー利用を通じて、持続可能な地域コミュニティを計画するための技術・社会システムを産官学の連携で開発し提案する」という目的の下、研究活動をスタートした。

第２回セミナーではバイオマスの中でも、我々の生活の中で最も身近に感じるであろう「生ごみ」というバイオマスに焦点を置き、生ごみから始まる市民活動や処理技術、コミュニティづくりなどの最前線で活動されている方々からの講演を頂く。また当バイオマスコミュニティプランニング分野の活動を紹介後、後半のパネルディスカッションでは、「生活系ごみ（生ごみ）を中心と

した技術とコミュニティづくり」そして「バイオマスコミュニティプランニングが目指すところ」をフロアの皆様と一緒に、理解と考えを深めて行きたいと考えている。

講演　1）組成調査から見える生活ごみの減量化、飯久保励（日立セメント（株））

2）一般可燃ごみの機械選別処理技術、高橋倫広（（株）大原鉄工所）

3）生ごみリサイクルで地域づくり、石塚祐江（NPO法人 北のごみ総合研究所）

総合討論　コーディネーター：落合知（北海道大学）

パネリスト　：飯久保励、高橋倫広、石塚祐江

2.2.3　第1回シンポジウム（2019年9月9日）

題目　バイオガス事業の未来 ～地域の循環から考える～

趣旨　バイオマスの利活用方法の一つとしてバイオガス化技術があり、事業化が全国各地で行われてきている。しかし、事業採算性や液肥の利用、固定価格買取制度（FIT）の将来など、バイオガス事業の未来にある様々な課題について、解決策を議論する必要がある。講演では、研究や実際に事業化をしておられる実務者の方々から情報提供をいただき、知見・経験を共有するともに、後半のパネルディスカッションではご講演者の方々をパネリストにむかえ、バイオガス事業の未来について、フロアの皆様と一緒に、理解と考えを深めていきたいと考えている。

基調講演

メタン発酵システムの応用展開と研究動向、李玉友（東北大学）

講演　1）消化液の肥料利用から見たメタン発酵、中村真人（（国研）農業・食品産業技術総合研究機構）

2）環境調和型バイオマス資源活用モデル事業（富士宮モデル）

現状報告と評価、川島芳郎（富士開拓農業協同組合）

3）みやま市が進めるエネルギーの地産地消事業、松尾和久（みやま市）

4）北大バイオマスコミュニティプランニング分野について、落合知（北海道大学）

総合討論　コーディネーター：石井一英（北海道大学）

パネリスト　：李玉友、中村真人、川島芳郎、松尾和久、落合知

2.2.4　第３回セミナー（2019年12月11日）

題目　バイオガス事業＋α～複合事業から考える～

趣旨　エネルギーの地産地消という観点から、バイオガス事業により得られたエネルギーを利用して実施している「複合事業」に焦点をあてる。バイオガス事業に＋αの価値を生み出す複合事業の事例に深く関わっていらっしゃる３名の方々にご講演を頂く。また当バイオマスコミュニティプランニング分野のワーキンググループ（WG）の活動報告の後、パネルディスカッションでは、「バイオガス事業＋α複合事業が生み出す価値」を「地域・地産地消」といった視点で議論し、フロアの皆様と一緒に理解と考えを深める。

講演　1）バイオガス事業＋農業事業、土谷雅明（(株）土谷特殊農機具製作所）

2）バイオガス事業＋水素利用と新しい産業の創出、笹川容宏（鹿島建設（株））

3）災害から見たバイオマスエネルギー、眞鍋和俊（応用地質（株））

総合討論　コーディネーター：落合知（北海道大学）

パネリスト：土谷雅明、笹川容宏、眞鍋和俊、佐藤昌宏（北海道大学）

2.2.5　第４回セミナー（2020年2月21日）

題目　地域自立分散に向けた廃棄物・バイオマス利活用事業

趣旨　本セミナー・フォーラムでは廃棄物・バイオマスの利活用事業を捉える視点として、地域循環共生圏や自立分散システムの構築といった観点からご講演を頂くとともに、パネルディスカッションで、フロアの皆様と一緒に理解と考えを深めて行きたい。

講演　１）地域循環共生圏の創造　―ＳＤＧs・脱炭素時代の地域づくり―、岡野隆宏（環境省）

２）再生可能エネルギーによる酪農地域自立システム、田中義幸（阿寒農業協同組合）

３）乾式メタン発酵施設を利活用したバイオマス事業の新たな取組事例について、町川和倫（(株)富士クリーン）

４）北大寄附分野バイオマスコミュニティプランニング分野の研究進捗報告、落合知（北海道大学）

総合討論　コーディネーター：石井一英（北海道大学）

パネリスト　：岡野隆宏、田中義幸、町川和倫、落合知

2.2.6　第２回シンポジウム（2020年9月29日）

題目　バイオマスコミュニティによる地域循環共生圏の創造

趣旨　第五次環境基本計画内で地域循環共生圏という考え方が提示され、各地域の地域資源を有効活用し、各地域の持つ課題を解決さらには地域間で保管することによる持続可能な社会の形成が謳われている。バイオマスを重要な地域資源と捉え、エネルギー化や資源循環を考えようとする自治体が増えてきている。そのような流れの中で、新エネルギー・産業技術総合開発機構（ＮＥＤＯ）より「バイオマスエネルギー地域自立システムの導入要件・技術指針」が発表された。基調講演では、この指針の作成に携わられた方々にご講演をいただき、本指針の内容とともに地域にとって

のバイオマスエネルギーの価値といった点についても議論していきたい。寄附分野の活動報告として、寄附分野メンバーが行っている研究活動の報告をすると共に、後半のパネルディスカッションではご登壇者の方々をパネリストにむかえ、バイオマスコミュニティが創る地域循環共生圏と地域の課題解決について、フロアの皆様と一緒に、理解と考えを深めていきたい。

基調講演１：バイオマスエネルギーの現状および地域自立システム化NEDO事業の取り組みと今後について、浅野浩幸（(国研)新エネルギー・産業技術総合開発機構）

基調講演２：持続可能なバイオマスエネルギーに関する導入要件・技術指針、石井伸彦（みずほ情報総研（株））

講演　1）バイオマスコミュニティプランニングの活動、落合知（北海道大学

2）WG1生活系バイオマスコミュニティプランニングの研究進捗報告、佐藤昌宏（北海道大学）

3）WG2農業系バイオマスコミュニティプランニングの研究進捗報告、落合 知（北海道大学）

総合討論　コーディネーター：落合知（北海道大学）

パネリスト：石井伸彦（みずほ情報総研（株））、
笹川容宏（鹿島建設（株））、
佐藤昌宏（北海道大学）

2.2.7　第５回セミナー（2021年2月22日）

趣旨　2015年に合意されたパリ協定でゼロカーボンが国際的に広く共有されて以来、2019年12月に環境大臣がメッセージを発信、2020年3月に北海道知事が2050年までの実質ゼロカーボンを表明、2020年10月には首相が国会の所信表明演説で表明するなど国内外にお

いてゼロカーボンの要求が高まっている。本セミナー・フォーラムは、脱炭素社会の構築に有効とされる再生可能エネルギーの導入拡大等について、最新の動向や道内各地の取組事例の紹介から、地域固有資源を活かした、脱炭素型の持続可能な自立・分散型の地域づくりの促進を図るため、開催した。

講演

〔国内・道内の動向等〕

1）2050年ゼロカーボンと環境で地方を元気にする「地域循環共生圏」、佐々木真二郎（環境省）

2）持続可能な地域社会実現に向けた共生のまちづくり、竹本享史（(株) 日立製作所／北海道大学）

3）過去の自然災害に学ぶ災害廃棄物の利活用の可能性、保科俊弘（環境省北海道地方環境事務所）

4）「ＦＩＴ制度に関する最近の検討状況」について、山崎量平（経済産業省北海道経済産業局）

5）バイオマス関係予算について、諏訪裕文（農林水産省北海道農政事務所）

6）北海道が進める気候変動対策について

① 北海道における水素社会実現に向けた取組について、向平尚弘（気候変動対策課地域資源活用係）

② 北海道地球温暖化対策推進計画の見直しについて、名畑太智（気候変動対策課計画推進係）

③ 北海道における脱炭素社会の実現に向けた取組について、矢久保六玄（気候変動対策課温暖化対策係）

④ ごみ処理の広域化計画の見直しについて、疋田賢哉（循環型社会推進課一般廃棄物係）

〔道内における先進的な取組事例〕＜道内市町村＞

1）森林バイオマスを活用した持続可能なまちづくり、山本敏夫

（下川町）

2）畜産バイオマスを核とした資源循環・サステナブルな農業を目指して～上士幌町農業再生協議会の取組み～、林峰之（上士幌町）

3）廃棄物行政と連携した下水道事業の取り組みについて、長屋幸博（恵庭市）

4）バイオマス利用と施設老朽化対策 ～鹿追町環境保全センターの取組み～、城石賢一（鹿追町）

〔道内における先進的な取組事例〕<道内民間団体>

5）北海道における再生可能エネルギーの連系拡大に向けた一般送配電事業者の取り組み、喜多村悟（北海道電力ネットワーク（株））

6）地域発のバイオ燃料の活用、爲廣正彦（北海道バイオディーゼル研究会）

7）木質バイオマス熱利用のすすめ ～ポストＦＩＴを見据えて～、内田敏博（北海道木材産業協同組合連合会）

8）エネルギー地産地消を推進するため地域との取り組みについて、武田清賢（北海道ガス（株））

〔研究進捗報告〕北海道大学寄附分野バイオマスコミュニティプランニング分野の研究報告、落合知（北海道大学）、佐藤昌宏（北海道大学）

〔基調講演〕将来のまちづくりにむけた環境関連の取組の考え方、石井 一英（北海道大学）

2.2.8　第３回シンポジウム（2021年10月6日）

題目　ローカルSDGsの実践と将来の展望

趣旨　2018年10月より北海道大学寄附分野「バイオマスコミュニティプランニング（Bio-Com.P）」では、廃棄物及びバイオマス資源の循環・エネルギー利用を通じて、持続可能な地域コミュニティを計画するための技術・社会システムを提案するための研究開発を行ってきた。そして2021年10月から、さらにこの研究活動を社会に実装していくことを念頭におき、「寄附分野バイオマスコミュニティプランニング分野」を引き続き進めてまいることとなった。2018年～2021年までの寄附分野の活動・研究をご紹介し、当寄附分野のこれまでの活動とこれからの展望を、ご参加者皆様と共有することで、バイオマス利活用を通した社会のあり方を考えるきっかけになることと思っております。

講演
1）これまでのバイオマスコミュニティプランニングの成果のまとめ～書籍化について～、落合知（北海道大学）
2）WG1生活系バイオマスコミュニティプランニングの成果報告（書籍第２章）、太田垣貴啓（応用地質（株））、中村明靖（(株) 大原鉄工所)、上村英史（岩田地崎建設（株））
3）WG2農業系バイオマスコミュニティプランニングの成果報告（書籍第３章）、和田年弘（北海道電力（株））、河野恵里子（いであ（株））、橋本綾佳（岩田地崎建設（株））
4）バイオマスコミュニティプランニングの意義、石井一英（北海道大学）

編著者・執筆者一覧

編著者略歴

古市　徹（ふるいち　とおる）

北海道大学大学院工学研究院　客員教授、京都大学工学博士

1979年京都大学工学部助手、85年厚生省国立公衆衛生院に移り廃棄物計画室長を経て、94年大阪府立大学工学部助教授、97年から北海道大学大学院工学研究院教授。「廃棄物計画－計画策定と住民合意」共立出版・99年、「バイオガスの技術とシステム」オーム社・06年、「不法投棄のない循環型社会づくり－不法投棄対策のアーカイブス化」環境新聞社・09年、「バイオマス地域循環－再生可能エネルギーのあるべき姿」環境新聞社・12年、「エコセーフなバイオエネルギー－産官学連携事業の実際－」環境新聞社・15年、「エネルギーとバイオマス－地域システムのパイオニア－」環境新聞社・18年等、著書・論文多数。環境省中央環境審議会臨時委員、北海道環境審議会会長、土木学会環境システム委員会委員長、NPO最終処分場技術システム研究協会理事長、NPOバイオマス北海道前理事長などを歴任し、現在北海道バイオマスネットワーク会議会長。

石井　一英（いしい　かずえい）

北海道大学大学院工学研究院　教授、北海道大学博士（工学）

1970年札幌生まれ。97年北海道大学大学院工学研究科助手を経て、10年北海道大学大学院工学研究院准教授、18年同大学大学院工学研究院教授。廃棄物管理計画、バイオマス利活用システム、土壌・地下水汚染修復が専門。北海道環境審議会委員（循環型社会推進部会長）、北海道公害審査会委員、北海道廃棄物処理施設専門委員会委員、札幌市環境審議会副会長を歴任し、農水省バイオマス活用推進専門家会議委員、環境省地域資源を活用した水素事業モデル検討分科会委員、ゼロカーボン北海道推進協議会座長代理、北海道水素イノベーション推進協議会副座長、など。

【執筆者一覧】（五十音順）

飯久保　励	日立セメント（株）環境事業推進部　課長
五十嵐　正	大成建設（株）環境本部　次長
石川　志保	北海道大学　大学院工学研究院　助教
石川　晋也	（株）コーンズ・エージー　バイオガスGグループ長
石村　　潔	早来工営（株）　理事
伊藤　俊裕	岩田地崎建設（株）環境ソリューション部　部長
岩下　信一	応用地質（株）　地球環境事業部　事業部長
上村　英史	岩田地崎建設（株）環境ソリューション部　部長
梅沢　元太	八千代エンジニヤリング（株）九州支店　環境部 技術第三課　コンサルタント
太田垣貴啓	応用地質（株）地球環境事業部資源循環マネジメント部 グループリーダー
大西　　創	（株）コーンズ・エージー　バイオガスG　主任
落合　　知	北海道大学　大学院工学研究院　特任助教
金松　雅俊	三友プラントサービス（株）安平研究所　副所長
木村　浩司	岩田地崎建設（株）経営企画課長
黒川　忠明	（株）大原鉄工所　環境営業部　環境営業３課
河野恵里子	いであ（株）国土環境研究所　主査研究員
笹川　容宏	鹿島建設（株）環境本部 プロジェクト開発グループ
佐々木知子	応用地質（株）流域･砂防事業部流域技術部　グループリーダー
佐藤　啓一	（株）大原鉄工所　環境営業部　環境営業３課　課長
佐藤　昌宏	山形県　健康福祉部　衛生研究所　研究員
菅沼　　豊	日立セメント（株）環境事業推進部　部長
高田　隆太	（株）大原鉄工所　環境営業部　環境営業２課
髙橋　倫広	（株）大原鉄工所　第一技術部　部長

高橋　麻由　八千代エンジニヤリング（株）九州支店　環境部
技術第三課　コンサルタント

田丸　敏弘　八千代エンジニヤリング（株）事業統括本部　国内事業部
環境施設部　専門部長

土谷　樹生　（株）土谷特殊農機具製作所

土谷　雅明　（株）土谷特殊農機具製作所　相談役

照井　竜郎　応用地質（株）地球環境事業部 環境再生エンジニアリング部長

中井　優里　いであ（株）国土環境研究所　技師

中島　　睦　応用地質（株）地球環境事業部 環境再生エンジニアリング
専門職

中村　明靖　（株）大原鉄工所　第一技術部　担当部長

橋本　綾佳　岩田地崎建設（株）環境ソリューション部

堀　　　修　応用地質（株）地球環境事業部 資源循環マネジメント部
グループリーダー

本間　　隆　北海道電力（株）　総合研究所　担当課長

牧野　秀和　大成建設（株）札幌支店　営業部長

松田　紘子　（株）コーンズ・エージー　バイオガスG

眞鍋　和俊　応用地質（株）地球環境事業部　資源循環マネジメン部　部長

宮西　弘樹　（株）大原鉄工所　常務執行役員

ムチャーニ　ニコレッタ
（株）コーンズ・エージー　バイオガスG

森谷　翔一　（株）コーンズ・エージー　バイオガスG

八木　文成　（株）大原鉄工所　第二技術部　エンジニアリング２課

和田　年弘　北海道電力（株）　総合研究所

バイオマスコミュニティプランニング
～ローカルSDGsの実践～

発行日　2022年3月31日　第1版第1刷発行

編著者　古市徹／石井一英

発行者　波田敦

発行所　株式会社環境新聞社
〒160-0004　東京都新宿区四谷3-1-3　第1富澤ビル
電話　03-3359-5371(代)　FAX　03-3351-1939
http://www.kankyo-news.co.jp/

印刷・製本　株式会社平河工業社

ISBN　定価はカバーに表示しています。